KB142807

과학을 훔친 29가지 이야기

달나라 사기극에서 허무 논문까지

과학을 훔친 29가지 이야기

하인리히 찬클 지음 | 박소연 옮김

천문학적 대발견
존 허셸 경의 특이한 달 연구
미래의 장비
특이한 공저자들
놀라운 핵물리학
비곤Bigon의 놀라운 발견
"파이pi" 전쟁
원주율에 대한 공격
인텔리전트 디자인?
크리스마스 이야기
가짜 수학자와 진짜 수학자
사기 혹은 패러디?
환상의 물질
스파이를 위한 재료
이상한 기계들
검은 전구와 공기 후크의 새 소식
머피의 법칙과 그 응용의 재미
티스푼의 행방에 대한 과학적 연구
ROM에서 WOM을 지나 WORM으로
모두가 열망하는 프로그램
출판을 위해 발명된 글 생성기
원시 아메리카인?
카디프의 거인
아메리카 대륙의 거인들
유사 이전의 크리켓 선수?
학생들의 장난
뷔르츠부르크인의 가짜 화석
유명한 코 동물
사각 나무와 정육면체 오렌지
별빛을 발하는 동물
펑 부리주머니빈대와 발광 토끼
멸종 위기의 금발
금발은 과연 사라질 것인가?

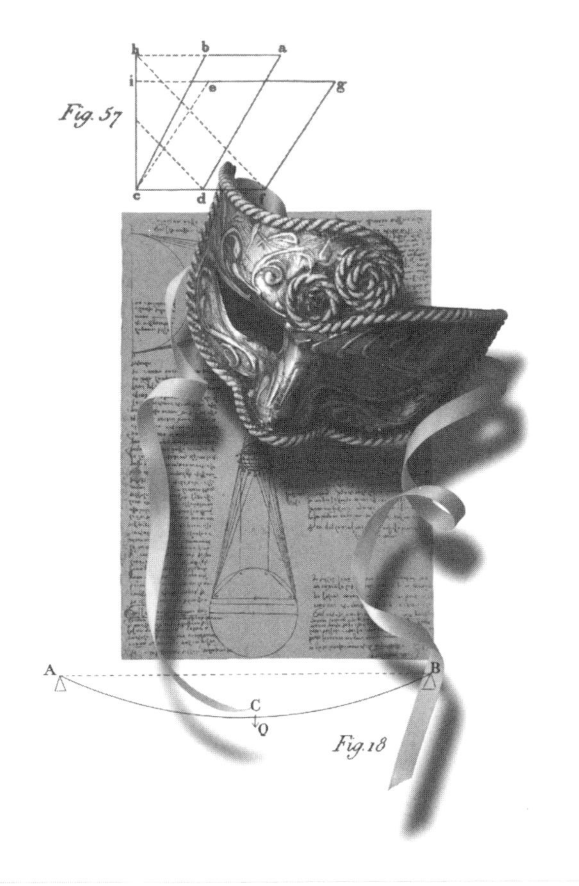

말·글빛냄

잠수함 그리고 허무 논문

보통 과학자들은 매우 이성적인 사람으로 인식되기 마련이다. 그들의 머릿속은 연구 주제로만 가득 차 있는 데다, 어떤 유머도 받아들여지지 않을 것처럼 생각되기 때문이다. 그런데 이 책은 어쩌면 그런 잘못된 선입견을 뒤집는 데 한몫을 할 수가 있다. 100여 년 전부터, 아니 어쩌면 훨씬 더 오래전부터 과학자들은 교활한 속임수만을 연구한다는 말도 있었다. 인터넷 백과사전인 '위키피디아'의 독일어 버전에는 무려 7장에 걸쳐 그런 주제가 기술되어 있다. 그 검색창에 '과학적 유머'라고 치면, 다음과 같은 설명이 제시된다. "전문지식 규정 안에서, 불가능한 것이나 상황을 과학적인 전문 용어를 사용하여 한눈에 알아볼 수 없게 최대한 숨기는 것을 말한다. 물론 여기에는 모순과 풍자의 관점이 섞여 있다. 어쩌면 전문지식이 없는 사람들은 과학적 사기를 골라내기가 어려울 것이다."

특히나 과학자들은 거짓 논문을 백과사전 속에 몰래 집어넣는 것을 즐긴다. 물론 거짓이 들통 나지 않도록 거기에 표제어를 멋스럽게 만들어 넣고, 실상은 모두 거짓인 것을 쉽사리 그럴싸한 표현들로 설명해 놓는다. 하지만 이런 웃기는 논문이 비전문가들뿐 아니라 두서넛의 전문가들의 눈에 띄기라도 하면 제대로 조목조목 파헤쳐지게 될 것이다. 그러면 얼마 후 사람들은 그것이 모두 헛소리에 불과하다는 것을 알고는 웃음거리가 된 당사자들이 늘어놓는 긴 변명에 흥미로워할 것이다. 그런 가운데 이 특수한 과학적 유머들을 지칭하는 전문 용어들이 생겨났는데, 이를 '잠수함' 또는 '허무 논문'이라고 말한다. 현재 위키피디아에는 다양한 참고 서적에서 입증된 38개의 잠수함들이 공개되어 있다. 물론 그런 모든 자료가 들통난 것은 아니기 때문에, 아마 더 많은 잠수함이 있을 것으로 추측된다. 심지어 내부 관계자들은 모든 백과사전에 거짓 논문이 실려 있다고 주장하기도 한다. 대부분의 잠수함들은 발행자의 지식과 함께 저 깊은 심연 속으로 잠수하지만, 간혹 어떤 저자는 허무 논문을 은근 슬쩍 백과사전에 올려놓기도 하기 때문이다.

이러한 거짓 논문에 대한 변명은 이미 오래전부터 행해졌는데, 부분적으로는 신판에서 수정되어 출판되는 경우가 전형적이다. 그러나 그중 잘못된 수록을 재판 때 다시 인쇄한 것에 대해 독자들이 출판사에 맹렬하게 항의한 사건도 있었다. 이 책에는 다양한 학문 영역 중에서 개인적으로 가장 기가 막힌 허문 논문들을 골라 수록하였다.

학문적 사기들은 대부분 이해하기 어려운 주제를 다룬 연구 발표 속에 숨어 있다. 그 발표는 그에 걸맞은 말도 안 되는 연구 실험 방법과 테크닉으로 서술되어 있다. 명문 캠브리지(미국)에 있는 하버드대학교에서는 1995년 이래로 아주 특별한 잡지를 출판하고 있다. 이 잡지는 대부분 이러한 허무 논문들을 공개하면서 전적으로 진지하게 그 기사를 다루고 있다. 두 달에 한 번 발행되는 이 잡지의 명칭은 '애널스 오브 임프로버블 리서치(AIR: Annals of Improbable Research)' 이다. 이를 한국어로 번역하면 대략 '사실일 것 같지 않은 연구에 대한 발표' 라고 할 수 있을 것이다. 그런데 이러한 허무 논문뿐만 아니라 심지어 얼마의 편집자들 사이에서는 특이한 노벨 수상자들도 눈에 띄었다고 한다. 그래서 AIR위원회는 하버드와 레드클리프대학교의 직원들과 함께 매년 '이그Ig 노벨상' 수여를 기획하였다. 가끔 '안티 노벨상' 이라 호칭되는 이 'Ig' 의 뜻은 영어 단어 '수치스러운 ignoble' 에서 비롯되었다. 이를 한국어로 제일 가깝게 표현하자면 '합당하지 않은' 또는 '굴욕적인' 이라고 해석할 수 있을 것이다. 이 그 노벨상은 진짜 노벨상 수여자가 발표되는 시점인 10월에 수여된다. 후보 논문의 전제 조건은 새로운 연구여야 하고 '번복될 수 없거나, 번복되어야 하는 것' 이어야 한다. 또한 상을 받은 수여자들은 수상 소감을 반드시 일곱 단어로만 발표해야 한다는 조건도 있다. 이 행사에서 중요한 직책을 떠맡은 소위 최고 '비질 장인' 이 수여식 내내 무대 위로 흩날리는 종이 장식을 비질하는 일을 한다. 몇 해 전부터는 규칙적으로 실제 노벨상 수여자가 이 빗자루를 들게 되었다.

독일의 AIR 회원인 마크 베네케 박사는 지금까지 이그 노벨상에서 탁월하게 그 두각을 나타낸 흥미로운 몇몇 연구프로젝트에 관하여, 자신의 저서 『웃기는 과학 이야기』에서 상세하게 다루었다. 따라서 이 책은 매력적인 과학적 유머라는 영역에서 보면 그저 수박 겉핥기 식에 지나지 않을 것이다. 하지만 이러한 한계에도 불구하고, 친애하는 독자 여러분이 잠시나마 웃으며 즐거워할 수 있을 정도로, 재미있는 과학 이야기가 충분히 소개되었길 간절히 바란다.

끝으로 분별 있게 원고의 교열을 봐 준 내 아내 메르베 찬클 의학 박사에게 진심으로 감사하고 싶다. 무엇보다 내 아내는 형식과 맞춤법 교정뿐만 아니라, 책 속에 유머를 담기 위해 세세하게 신경 써 주었다. 그리고 이 책을 위해 항상 옆에서 도움의 손길이 되어 준 빌레이-VCH 출판사와 구드룬 발터 박사 그리고 발트라운드 뷰스트 박사에게도 진심 어린 감사의 말을 전하고 싶다.

천문학, 물리학, 수학, 화학의 기이한 이야기

천문학적 대발견

존 허셸 경의 특이한 달 연구

존 허셸(1792~1871)은 천왕성을 발견했던 유명한 천문학자인 윌리엄 허셸 경의 아들이다. 존은 처음에는 법학을 공부했지만, 후에 천문학 쪽으로 눈을 돌려 아버지의 천문대를 물려받았다. 그리고 1831년에는 커다란 학문적인 성과로 작위를 수여받기까지 했다. 존은 천문학 외의 다른 영역에서도 재능을 보였는데, 특히 사진 영역에서 두드러졌다. 생전에 이미 허셸은 세계적으로 유명한 과학자였기 때문에, 그의 이름을 따서 지은 캐나다 해안의 허셸 섬과 허셸 달 분화구가 있을 정도다.

1833년 11월 허셸은 남쪽 하늘의 별을 탐색하기 위해 남아프리카로 몇 년에 걸친 여행을 떠나게 되었는데, 그때 가지고 간 장비가 당시 만들어진 것 중에서 가장 큰 망원경 2대였다. 사실 그 망원경 자체만으로도 그의 발견에 대한 사람들의 호기심을 자극하기에 충분했다. 1835년 8월 25일 미국 〈뉴욕 썬〉 신문에 '엄청난 천문학적 발견: 최근 존 허쉘 경에 의해 희망봉이 세워지다' 라는 제목으로 세간의 이목을 끄는 기사가 실렸다. 기사를 썼던 앤드류 그랜트 박사는 허쉘이 달을 관찰하는 과정에서 고배율 렌즈를 가진 망원경과 완전히 새로운 원칙을 사용했다고 보도했다. 특히 그 망원경의 렌즈 무게가 하나에 무려 7톤에 가까웠고 42,000배로 확대가 가능하다고 전했다. 한술 더 떠서 높은 배율의 확대 기능으로 만약 달에 곤충이 살고 있다면, 그것까지도 확인할 수 있을 것이라고도 했다. 그리고 많은 숫자와 이해할 수 없는 단어들을 잔뜩 인용하여 가히 기적에 가까운 기술에 대해서 상세히 설명했고, 그로써 마치 그의 언급이 학문적으로 가치 있는 것처럼 그럴싸하게 포장해 주었다. 또한 그 자신이 직접 슈퍼 망원경 제작에 참여했을 정도로 존 허쉘경과 친분이 두터운 점을 언급하면서, 자신의 주장에 대한 신뢰성을 높이고자 했다. 그 밖에도 그는 허쉘이 발견한 새로운 소식과 관련된 자료를 공식 발표 이전에 이미 받았다고도 했다. 그리고 그 자료는 그 사이에 이미 영국 학술원으로 보내졌고, 짧은 시간 내에 〈에든버러 저널 오브 사이언스*Edinburgh journal of Science*〉에서 학술적인 공식 발표가 있을 것이라고 보도했다. 그러면서 이런 내용의 긴 기사는 내일도 계속될 것이라는 은근한 암시를 남기며 끝을 맺었다.

8월 26일, 두 번째 기사에서는 허쉘이 관찰한 깜짝 놀랄만한 달의 첫 번째 이야기에 대해 공개했다. 그 기사에서는 허쉘이 발견한 커다란 호수 가장자리에서 색색의 바위들과 함께 펼쳐진 아름다운 백사장과 기이한 모양의 나무들에 대해 매우 상세하게 전했다. 특히 달에 있는 수많은 계곡들 중 한 곳에서, 커다란 피라미드들이 솟아올라 있었는데, 그것들을 좀 더 크게 확대한 결과 거대한 자수정으로 확인되었다고 한다. 또한 달의 남동쪽에는 광활한 숲들이 형성되어 있으며, 들소과로 보이는 짐승 떼들이 풀을 뜯고 있었다고 한다. 허쉘은 그 놀라운 망원경을 더 높은 배율로 확대시킴으로써, 그 동물들의 눈까지도 세세하게 관찰할 수 있었다고 한다. 그것으로부터 그는 그 동물들이 살로 이루어진 모자 같은 것을 덮고 있는 것을 확인할 수 있었는데, 허쉘의 추측에 따르면 동물들이 태양으로부터 스스로를 보호하기 위해 형성된 것이라고 한다. 다음으로 관찰된 동물은 염소만한 크기를 가졌으며 머리카락 위로 하나의 뿔을 달고 있는 것이었다고 한다. 허쉘이 면밀히 살펴본 결과 수컷에는 하나의 뿔과 수염이 있는 반면, 암컷에는 뿔과 수염이 없이 유난히 긴 꼬리가 있다는 사실을 확인했다고 한다. 그 후에도 허쉘은 어느 강에서 몇 개의 섬들과 다양한 종의 물새들을 발견했고, 또한 강 주변에서 빠른 속도로 움직이는 악어과로 보이는 한 생물도 발견했다고 한다.

세 번째 기사에서는 달의 화산 폭발에 대해서 소식을 전했다. 또한 허쉘이 들소처럼 보이지만, 몸집이 그보다 훨씬 큰 짐승 떼들을 발견했다고 보도했다. 그 근처에는 순록, 고라니 그리고 사슴들도 살고 있었다고 전했는데, 특히 인상적이었던 점은 두 다리로 이동하는 비버를 관찰했다는 보도였다. 비버들은 자신들의 새끼들과 손을 잡고 다니고, 움막을 가지고 있었는데, 그 움막에서는 연기가 솟아오르기까지 했다고 한다. 허쉘의 견해에 따르면, 이와 같은 사실로부터 비버가 불의 사용을 익힌 것이 분명하다고 전했다.

네 번째 기사에서는 고대 원형극장처럼 커다란 바위들로 둘러싸인 넓은 층에 대해서 집중적으로 다루었는데, 그곳에서 허쉘은 커다란 금광맥을 발견했다고 한다. 물론 그날의 기사에서도 특이한 동물에 관한 관찰 기록이 소개되었다. 그중에 가장 눈에 띈 보도는 털이 나 있다는 점 외엔 인간과 거의 흡사한 얇은 늑막 형태의 날개를 가진 한 생물의 발견이었다. 허쉘은 망원경의 배율을 더 크게 확대하여 그들의 얼굴까지 확인할 수 있었는데, 생김새는 오랑우탄과 매우 흡사했으며 특히 이마가 불뚝 튀어나온 것을 확인했다고 한다. 또한 그들을 자세히 관찰한 결과, 그들이 신호 언어인 손짓을 사용해서 대화를 한다는 사실을 확인할 수 있었다고 한다. 또한 이 흥미진진한 생물의 비행 능력에 대해 여러 가지를 관찰한 결과, 그들을 학문적으로 베스페르틸리오-호모Vespertilio-homo 또는 박쥐 인간으로밖에 볼 수 없다고 결론지었다. 그런데 예상외로 이 박진감 넘치는 기사를 갑자기 멈춘 저자는, 이어지는 영광스러운 과제를 존 허쉘 경에게 위임할 것이라는 설명을 덧붙였다.

다음 날, 다섯 번째 기사에서는 거대한 사원 구조에 대해 상세하게 다루어졌다. 그 사원은 사파이어와 비슷한 재료로 만들어졌으며, 금빛의 쇠로 덮여 있었다고 한다. 그리고 많은 기둥들의 배치와 형태 그리고 정교하게 잘 다듬어진 장식물에 대해서 꽤 자세하게 묘사했다. 이 뛰어난 구조물을 어떠한 방문자도 관찰할 수 없었기 때문에, 마치 역사적 기념물을 다루는 것처럼 소개 되었다.

연재 기사의 마지막 편인 여섯 번째 기사는 또다시 허쉘이 발견한 인간과 흡사하게 생긴 달 거주민에 관해 초점이 맞추어졌다. 거주민들은 사원으로부터 그다지 멀리 떨어지지 않은 곳에서 관찰되었으며, 그들의 생김새는 이미 언급된 박쥐 인간과 흡사하게 생겼으나 확실히 더 크고, 밝은 색을 띄고 있었다고 한다. 때문에 허쉘은 그들을 이 박쥐 인간보다 더 진화한 종족으로서 분류했다고 한다. 그리고 더 크게 확대한 결과 그들이 호박과 오이처럼 생긴 노랗고 빨간 과일을 나눠 먹으며 그들 모두가 서로에게 호의적으로 대하는 모습을 포착할 수 있었다고 한다. 또한 이 박쥐 인간 주변에서 수많은 동물들이 포착되었는데, 서로 매우 친밀한 것으로 보아 가축일 가능성이 높다고 추측했다.

한편, 허쉘의 임시 관측소에서 화재가 발생한 관계로, 그동안 매우 빠른 속도로 전개되었던 기사가 계속될 수 없게 되었다고 전했다. 이번 화재로 그의 슈퍼 망원경은 심각한 손상을 입었으며, 오랜 시간을 들여 고쳤지만 손상이 심해서 더 이상 달이 보이지 않았다고 보도했다. 그렇기 때문에 허셸은 토성 쪽으로 관심을 돌렸고, 그곳에서도 흥미로운 발견이 많았다고 전했다.

존 허셸경이 관찰한 이 놀라운 달 이야기는 엄청난 파장을 불러일으키면서 〈뉴욕 썬〉지는 어마어마한 양의 판매 부수 기록을 세울 수 있었다. 또한 출판사는 '자연환경' 속에서 달 거주민의 생활을 나타낸 수많은 석판화를 제작했고, 이 신비로운 그림들을 판매하여 매상을 톡톡히 올렸다.

맨 처음에는 어느 누구도 이 기사의 진실성 여부에 대해서 의심을 갖지 않았다. 거의 모든 미국 신문사들이 허셸의 달 탐험에 관한 보도를 재빠르게 미국 전역으로 퍼뜨렸고, 따라서 달 이야기가 이내 공통의 화제로 떠올랐다. 그런데 공식 보도 후, 두 명의 예일대 교수가 이 기사의 재출판과 관련하여 논의할 것을 〈뉴욕 저널 오브 커멀스*Journal of Commerce*〉 대변인에게 요청했다. 물론 그들은 허셸이 직접 기록한 자료를 보여 줄 것을 요구했으나, 매번 새로운 속임수와 핑계로 인해 번번이 거절당했다. 그것을 계기로 당국이 직접 〈에든버러 저널 오브 사이언스〉를 통해 다음과 같은 사실을 발표했다. 바로 〈에든버러〉지가 허셸이 발견한 이 엄청난 달 탐구에 대해 전혀 들은 바가 없으며, 공식 발표 또한 계획에 없다는 것이었다. 결국 이에 응하여 〈저널 오브 커멀스〉가 일반인들에게 '달나라 사기극'을 공개하기에 이르렀다. 1835년 9월 16일 〈뉴욕 썬〉지는 달의 발견에 관한 기사들이 허위를 다룬 이야기일 수 있음을 인정하는 짧은 기사를 공식 발표했다. 그러는 사이 유럽에도 그 기사가 떠돌기 시작했다. 당시 파리의 천문 관측소 소장이었던 프랑시스 아라고Francis Arago는 달에 관한 이 놀라운 기사를 서면으로 받은 후, 파리학술 협의회 의원들을 소집했고 이 기사가 결코 믿을 수 없는 것이라는 결론을 내렸다.

그런데 정작 존 허셸 경은 케이프타운에서 만난 뉴욕에서 온 동물 매매상인 케일럽 위크스로부터 〈뉴욕 썬〉지의 관련 기사를 전해 받은 후에야 이러한 모든 사실들을 알게 되었다. 허셸은 자신의 자칭 학문적인 대업적에 관한 기사를 빠짐없이 읽어 본 후, 실소를 금치 못했다고 한다. 그의 고향 영국 국민들은 이러한 사건을 웃어넘길 수밖에 없었으며, 그들이 매우 존경하는 허셸 경에 대한 모욕이라고 여겼다. 하지만 이러한 관념은 존이 그의 고향으로 돌아간 후에 차츰 잊혀 갔고, 때문에 그는 매번 사람들에게 이 모든 것들이 속임수에 불과하며 자신은 이 사건과 전혀 관계되지 않았다고 해명해야만 했다. 그 후 몇 년간 유럽 사람들은 미국에서 건너온 그 어떤 학문적 보도에 대해서도 매우 회의적인 태도를 보였다. 그리고 이 엄청난 달나라 사기극은 미국의 허황된 보도를 경고하는 한 본보기로서 오랫동안 사람들의 기억 속에 남게 되었다. 게다가 이 사건은 미국에서 몇 년 동안 공통의 최신 유행어로 쓰였는데, 무엇이든 믿을 수 없는 일이 생기면 누군가가, '달세계 사기극처럼 들리는데?' 라고 말하면 모두들 동감하곤 했다.

달나라 기사에 대한 파장으로 누가 그 기사를 썼는지에 대해서 많은 추측이 난무했다. 아마도 저자는 캠브리지에서 공부했고 1835년 당시 〈뉴욕 썬〉 신문사에서 일했던 리차드 애덤스 로크Richard Adams Lock일 가능성이 크다고 할 수 있다. 물론 그가 스스로 이 모든 사건 발단의 장본인임을 인정한 것은 아니지만 말이다. 그 외에도 기사를 쓴 사람이 당시 뉴욕에 머물렀던 프랑스의 천문학자 장 니콜라스 니콜라Jean Nicolas Nicollet일지 모른다는 의혹도 제기되었다. 그리고 한동안은 〈니커보커〉지의 편집장인 루이스 게이로드 클럭Lewis Gaylord Clark도 의심을 받았었다. 어쨌든 모든 것을 다 제쳐 두고, 애초부터 저자를 자극했던 몇 명의 모범적인 인사들이 있었다. 예를 들자면, 뮌헨의 천문학 교수인 프란츠 폰 파울라 크로이트호이젠Franz von Paula Cruithuisen은 1824년 '달 주민인 것이 확실한 흔적 발견, 특히 그들이 지은 거대한 건축물들' 이라는 뻔뻔스러운 논문을 꽤나 진지하게 집필했었다. 크로이트호이젠은 이 출판물을 통해 달의 기후와 식물계를 나타내는 증거로서 달 표면의 다양한 색에 관해 보도했다. 그는 또한 지질층의 윤곽과 기하학적 형태도 관찰하면서 그것이 장벽, 길, 방어 설비 그리고 도시들이 존재한다는 것을 나타낸다고 주장했다. 또 다른 예로, 성직자 토마스 딕Thomas Dick은 우주 생명체에 대해서 집중적으로 연구했는데, 심지어 그는 태양계의 인구수까지 산출했었다. 그의 계산에 따르면, 달에 사는 거주민들만 벌써 42억 명에 이른다고 한다. 딕의 집필은 당시 미국에서 엄청난 인기를 끌었고, 이것이 대부분의 미국인들이 달나라의 사기극에 속아 넘어가는 데 한몫을 했던 것이다.

미래의 장비

디아포트의 발명에서 심사이코그래피까지

1880년 2월 10일 펜실베니아 주에 있는 베들레헴시의 일간지에 모나케이시 과학클럽Monacacy Scientific Club의 모임과 관련해서 흥미로운 기사가 실렸다. 기사는 릭스Dr. H. E. Licks 박사가 그 집회에서 새로운 기계에 관한 강연을 했다고 보도했다. 박사는 3년에 걸친 힘든 연구 끝에 그 기계를 만드는 데 성공했으며, 그것을 '디아포트'라고 명명했다. 펜실베이니아 주 동쪽의 수많은 과학자들과 그중에 특히 피츠버그 종합기술학교 교수인 M. E 커니크M. E. Kannich와 브라질 기술 장교단의 콜로넬 A. D. A. 비아틱Colonel A. D. A. Biatic이 그 모임에 참여했었다. 릭스 박사는 과학클럽의 의장을 맡고 있던 L. M. 니스커트L. M. Niscate 교수가 자신을 지도했으며, 디아포트를 위한 실험

과정에도 몇 번 참여했었다고 전했다. 그들은 의미상으로는 전화기, 축음기 그리고 전기 조명과 같은 맥락에서 디아포트의 근본적인 원리를 이해할 수 있을 것이며 디아포트가 19세기 과학에서 거둔 가장 큰 승리라고 전했다. 릭스 박사는 강연을 시작하면서 디아포트 발명에 대한 아이디어를 3년 전, 보다 앞선 벨 전화기 실험에 관한 기사를 접하면서 영감을 얻었다고 말했다. 그에 더해, 얼마 지나지 않아 에디슨에 의해 발명된 탄소봉 마이크로폰 또한 그가 심층적으로 연구하는 데 중요하게 작용했으며, 마침내 디아포트를 현실화할 수 있었다고 덧붙였다. 계속해서 강의를 이끌어 가면서 릭스 박사는, 이미 알려진 바와 같이 전화기를 사용할 때는 전선을 통해서 인간의 목소리를 몇 천 킬로미터나 보낼 수 있다고 전했다. 또한 전화기에 마이크로폰이 장착되어 있어서 작은 속삼임까지 들을 수 있다고 했다. 그것으로부터 릭스 자신은 '이와 같은 방식으로 그림을 보내는 것도 가능하지 않을까?' 라는 의문을 가지게 되었다고 한다. 물론 디아포트가 개발됨으로써 그는 자신의 아이디어를 현실화하는 데 성공을 거두었다. 릭스는 디아포트의 이름을 '통과하여' 라는 뜻을 가진 그리스어 '디아dia' 와 '빛' 을 뜻하는 '포토스photos' 를 합성하여 지었다. 그는 이로써 디아포트가 전선을 통해서 빛이 전송된다는 것을 더 확실히 설명해 준다고 덧붙였다. 릭스는 전선을 통한 빛과 음성의 전송은 전혀 다른 물리학적 원리에 의해 이루어진다고 강조했다. 말을 하면서 유발되는 음성의 파동은 전화기 안에서 진동판을 진동시키고, 그곳에서 생성된 전기적 자극이 전선을 통해서 수신자의 진동판으로 전송되는 것이다. 그리고 그곳에서 새롭게 생성된 진동이 우리의 귀에서는 언어로 들리게 되는 것이다. 반면 어떤 한 물질로부터 시작된 빛의 파동은 디아포트 안에서 특별히 고안된 특수 거울을 만나게 되는데, 이 특수 거울은 수많은 전선들과 릭스가 재생 반사경이라고 부르는 거울과 비슷하게 생긴 수신기가 연결되어 있다. 그렇게 해서 이 특수 거울 위의 그림이 전선을 통해 전류 형태로 변환되고, 그것이 수신자에게까지 전송되면 그곳에서 2차적인 그림이 생성되는 것이다. 연결 전선은 전화선과 마찬가지로 몇 백 킬로미터까지 연장할 수도 있으며 그럼에도 재생된 그림은 본래 것과 거의 흡사하다고 한다. 릭스 박사는 몇 가지 기술적 보완이 곧 이루어지면 아주 복잡한 형태도 원본과 거의 일치하게 재현할 수 있다고 확신했다.

릭스 박사에 의하면, 디아포트는 4개의 주요 부분으로 이루어져 있다. 바로 특수 거울과, 전송선, 보통 직류 전지 그리고 그림 재현을 위한 반사경이다. 릭스 박사는 계속해서 거울과 반사경을 조립하기 위한 최적의 결합을 찾기 위해서 시행했던 수많은 실험에 대해 장황하게 설명을 늘어놓았다. 마침내 그는 셀레늄과 요오드화은을 조합하여 특수 거울을 만들었고, 반사경에는 셀레늄과 크롬을 사용했다고 한다. 사실 초기 단계에는 이미 사진 기술에서 널리 알려진 요오드화은과 크롬의 특수한 감광의 특성이 디아포트에 응용되었다고 한다. 그런데 릭스는 많은 시험을 거치면서, 각각의 광선 종류가 전류를 태양 스펙트럼 안에서 그에 알맞은 각자의 자리를 찾아갈 수 있도록 더 개선되어야 한다는 점을 깨달았고, 이에 가장 부합하는 것이 셀레늄이라는 것을 밝혀냈다고 전했다. 처음에는 거울과 반사경이 하나의 전선으로만 연결되었었다. 그런데 릭스 박사에 의하면 재현된 그림이 흐릿하고 어긋난 까닭에, 특수 거울은 물론 반사경 또한 여러 구역으로 분할되어 각각의 구역을 전선으로 연결시키는 과정이 불가피했다고 설명을 덧붙였다. 릭스가 모임에서 선보인 디아포트는 총 72개의 잘 분리된 얇은 선으로 이루어진 거울이 설치되어 있었다. 모든 선들은 반사경 안에 각각 알맞은 위치에 잘 이어져 있었고, 전지에서부터 시작된 전선은 거울과 스펙트럼까지 연결되어, 전류가 끊어지지 않도록 전기회로가 만들어져 있었다.

릭스 박사는 디아포트의 이론적인 방식에 대한 상세한 설명과 함께 강연을 마치면서, 실제적인 몇몇 사용 과정을 보여 주었다. 디아포트의 특수 거울이 건물 아래층의 어느 한 방으로 옮겨졌고 그것과 연결된 선은 홀과 계단실을 거쳐, 강단 앞에 설치된 스펙트럼에까지 이어졌다. 릭스 박사는 세 사람을 지목하여, 그들이 마그네슘밴드에 불을 붙임으로서, 특수 거울의 다양한 물건들에 빛이 비춰졌다. 그로 인해 스펙트럼 안에서 2차적인 그림이 나타났고, 그것은 강당 안의 스크린으로 옮겨져 크게 확대되었다. 처음에 비춰진 물건은 사과 하나와 주머니칼 하나, 그리고 1달러였다. 그다음은 자유의 여신상을 스케치 한 그림이었는데, 1878년이라는 날짜까지 정확하게 확인할 수 있었다. 그중의 가장 절정은 바로 거울 앞에서 5분 동안이나 비춰진 움직이는 시계였다. 사람들은 스펙트럼 안에서 분침의 움직임을 확실하게 관찰할 수 있었는데, 물론 초침은 약간 흐릿하게 보였다. 그리고 마지막으로 한 고양이의 머리가 강당 안 스크린에 비춰지게 되자, 참석자들은 감격하여 탄성의 박수를 치기 시작했다. 발표가 끝나자 하객들은 릭스 박사에게 축하의 말을 전했다. 게다가 의장이 디아포트가 앞으로 미래 과학과 산업에서 사용될 가능성에 대해서 짧은 논평까지 발표했는데, 그는 '앞으로 전화기와 디아포트를 통해서 대서양을 사이에 두고 멀리 떨어져 있는 친구들이 듣는 동시에 볼 수도 있게 될 것' 이라고 역설했다. 그 외에도 디아포트가 철도 교통을 통제하는 역할로서 부합되기 때문에 사고 위험성을 근본적으로 낮추게 될 것이라고도 언급했다. 끝으로 디아포트의 공개 이후 일어날 영국의 수많은 보도를 뉴욕에도 피력하기 위해, 사진 석판술과 연계되어 사용될지도 모르는 일이라고도 했다.

릭스 박사는 말미에 다음 주에 미국 청중들 앞에서 디아포트를 정신과학 분야와 관련시켜 강연할 계획이라고 넌지시 알렸다. 그리고 디아포트의 제작과 관련해서 최종적인 결정이 이미 내려졌으며, 신청한 7개의 특허증이 곧 교부될 것이라고 전했다.

그 지역에서 명망 있는 사람들은 그들의 울타리 내에서 이와 같은 특별한 발견이 처음으로 공식 발표된 것을 대단한 영광으로 생각했다. 그리고 사람들은 이 경이로운 기계의 성과에 대한 이어지는 소식을 조급하게 기다렸다. 그런데 성과 소식 대신에 맨스필드 메리먼 Mansfield Merriman 교수가 디아포트가 꾸면 낸 사기에 불과하다는 충격적인 사실을 공표했고, 사람들은 이에 크게 실망하게 되었다. 메리먼 교수는 다른 사람들을 약 올리는 것을 좋아하기로 유명했는데, 그 기사에도 주의 깊고 노련한 독자들을 집요하게 만들 만한 몇 가지 힌트들을 숨겨 놓았다. 예를 들면 이 천재적인 디아포트 발명가의 성을 그의 이름 첫 자와 붙여 발음하면, '힐릭스Helix' 라는 글자가 된다는 것이다. 이는 그리스어로 '굴곡' 이라는 뜻이다. 짐작컨대 과학클럽의 의장의 이름 또한 L. M. 니스커트를 한 단어로 읽으면 '렘니스케이트Lemniscate' 가 되는 것도 우연은 아닐 것이다. 이것은 수학적으로 특별한 기하학 형태라고 할 수 있는데, 모양 상 복잡한 방정식을 연상시키는 악흐트(Acht, 독일어로 숫자 8이란 뜻과 추방 및 파문, 그리고 숙어로서 '주의' 라는 뜻을 갖고 있다—옮긴이)라고 볼 수 있다는 것이다. 그 강연의 하객으로 피츠버그에서 온 M. E. 커니크Kanich 교수도 아마 특별한 연유에서 이름을 얻었을 것이다. 왜냐하면 그의 이름을 첫 자와 함께 붙이면 영어로 'Mechanic(기계공)' 이라고 읽힐 수 있으니 말이다. 브라질인 콜로넬스 A. D. A. 비아틱 또한 이름에 과학적인 배경을 갖고 있다. 요컨대 영어로 'adiabatic(단열적인)' 은 시험 체계와 주변 사이의 열전도를 막는 물리적 및 화학적인 작용과 함께 관련되어 사용된다. 이는 또한 갑작스런 가스 방출의 압박을 위해 잘 격리된 용기로도 사용된다.

얼마 후 1917년 메리먼 교수는 『수학 속의 레크리에이션*Recreations in Mathematics*』이라는 책을 출판했는데, 필명으로 H. E. Licks를 사용했다. 책 속에서 그는 "이 책의 목적은 기분 전환을 위한 편안한 시간을 제공하고, 젊은 학생들이 수학 탐구에 지속적으로 관심을 가질 수 있도록 하기 위해서"라고 설명했다. 책에는 또한 디아포트 사기극에 대한 이야기도 언급되었다. 그런데 이 디아포트 사건은 영어권에서만 오랫동안 떠돌던 이야기였다. 독일에서는 그에 대해서 들은 적이 거의 없었기 때문에, 독일의 짜이스 회사는 처음으로 개발한 광학 사진 노출계를 아무런 거리낌 없이 '디아포트'라고 명명했다. 마찬가지로 일본에서도 이 디아포트 이야기에 대해서 알려진 바가 없었기에, 유명한 니콘사도 자회사의 연구용 현미경을 '인벌스 니콘 디아포트'라고 이름 붙였다.

이와 같은 엄청난 디아포트에 관한 보도가 나간 지 16년 후, 미국의 유명한 어류 학자이자 평화주의자인 데이비드 스탈 조던David Starr Jordan은 새로운 종류의 모사 방법에 대해서 비슷한 부류의 자극적인 논문을 발표했다. 그는 이 방법을 '심사이코그래피'라고 불렀다. 이 논문은 꽤 유명한 잡지 〈포퓰러 사이언스 몬슬리*Popular Science Monthly*〉에 '심사이코그래피-감각적 물리에 관한 연구'라는 제목으로 발표되었다. 논문에서 조던은 뢴트겐선이 사진판 위에서 그림으로 나타나는 것처럼, 인간의 뇌파 또한 사진 기술적으로 모사할 수 있다고 주장했다. 실제로 캐머론 리Cameron Lee라는 사람이 이와 관련된 실험을 했으며, 리가 고양이에 생각을 집중하자 그것이 사진으로 현상되었다고 전했다.

조던에 의하면 '아스트라 카메라 클럽Astral Camera Club'은 1896년 4월 1일에 같은 방법의 실험을 행했고 이들 역시 사진이 현상되었다고 한다. 그런데 흥미롭게도 그 실험에서 7명의 회원이 동시에 고양이를 떠올렸으며, 그들의 뇌파가 사진판 위로 옮겨졌다고 한다. 조던은 그것이 단순한 고양이 그림이 아니라, 하나로 뭉쳐진 '고양이과 동물의 최종적인 실재 인상'이라고 설명했으며, 여러 번 겹쳐서 투사된 고양이 그림을 논문에 삽입함으로 이와 같은 놀랄만한 결과를 보여 주었다. 사실 조던은 이 기사를 읽은 독자들이 꽤 잘 짜여진 이 사기극을 즉시 알아차릴 것이라고 예상했었다. 그런데 오히려 그는 기사를 진지하게 받아들인 사람들로부터 수많은 편지들을 받았고, 그들은 이 전대미문의 현상에 대해서 더 자세히 알고 싶어 했다. 심지어 어떤 성직자는 조던에게 자신이 심사이코그래피에 대해서 여섯 번이나 설교했다고 알리기도 했다.

그런데 그 당시 완전한 학문적 사기에 불과했던 것들 중에서 오늘날 부분적으로 현실화된 것도 있다. 예를 들어 오늘날에는 뇌전류가 컴퓨터를 조종할 수도 있게 되어서, 이미 꽤 많은 전신 마비 환자들이 이러한 방식으로 다시금 바깥세상과 소통할 수 있게 되었다.

특이한 공저자들

아인슈타인의 프로이센 그림자와 공동 저자가 된 수고양이

알베르트 아인슈타인은 의심할 바 없이 20세기를 대표하는 천재적인 물리학자 중 한 명이지만, 그의 학문적인 재능은 비교적 늦은 나이에 꽃을 피웠다고 할 수 있다. 그는 1905년 한 해 동안 그의 연구의 기반이 되는 논문을 유명잡지 〈물리학 연감*Annalen der Physik*〉에 여러 개 발표한 이후로 널리 알려졌다. 3년 후 그는 취리히에서 물리학 교수가 되었고, 이어서 베를린대학에서 명예로운 초청도 받게 된다. 그런데 아인슈타인은 대학 강의에는 관심이 없었기에, 1914년 베를린의 카이저빌헬름연구소Keiser-Wilhelm Instituts의 소장으로 임명됨과 동시에 프러시아의 과학 아카데미Preußischen Akademie der Wissenschaften의 회원이 되었을 때 매우 기뻐했다. 이 새로운 직위에서는 그가 더 이상 학생들을 위해 강의를 할 필요 없이, 오로지 학문에만 몰두할 수 있었기 때문이다. 그는 이 아카데미의 상시 감시인으로서 국내외의 많은 학술회의에 참석했다. 이 명예로운 직무는 아인슈타인의 이름 뒤에 약자로 'S. B. Preuß(S. B. 프러시아)' 라고 기록되어 표시되었다. 하지만 당시 이 약자의 의미가 전혀 알려지지 않았기 때문에, 특히 외국에서는 종종 그의 두 번째 이름으로 간주되곤 했었다. 아마도 이러한 잘못된 해석이 한층 더 심한 두 번째 오해를 야기했을 것이다. 아인슈타인은 당시 학문적으로 매우 권위가 있었던 베를린 과학 아카데미 회의에서 직접 강연을 여러 차례 했었고, 그의 강의 내용은 '프러시아의 과학 아카데미 회의 보고서' 란 연감을 통해 출판되었다. 이 보고서는 국제적으로 많은 주목을 받았고, 외국어로 발표된 간행물에도 종종 인용되었다. 그런데 문제는 외국 학자들에게 '집회 소식Sitzungsberichte' 이란 단어조차 이해하기 어려웠다는 것이다. 그러한 이유로, 시간이 흐름에 따라 인용 과정에서 원래의 약어를 점점 더 짧게 잘라 내는 일이 발생했다. 공식적인 약자 'Sitzungsber' 가 변형되어 'Sitzber' 로 그리고 다시 'Sber' 로, 결국 마지막에는 'Sb' 가 되어 버렸다. 그리고 이 'Sb' 에서 누군가가 S. B.라는 약자를 만들어 낸 것이다. 어쩌면 그가 언젠가 아인슈타인의 이름 뒤에 따라오던 두 글자를 가끔 보았었기 때문일지도 모른다. 이 알파벳들이 뒤에 나오는 'Preuß(프러시아)' 와 결합하여, 자연스레 공동 집필자의 이름으로 만들어진 것이다. 어느 한 영어권의 잡지에서는 그 두 이름 사이에 '그리고' 라는 단어까지 넣는 일도 벌어졌다. 어쨌든 이로써 아인슈타인의 공동 집필자 'S. B. Preuß(외국에서는 대부분 S. B. Preuss)' 씨가 세상의 조명을 받게 된 것이다. 이러한 오해는 물론 나중에 해명되었지만, 그 사이 S. B. Preuß 씨(어쩌면 Preuß 양일지도 모르지만) 또는 S. B. Preuss 씨는 이미 독립하여, 다른 출판물에서도 공동 집필자로 나타나곤 했었다. 심지어는 생년월일까지도 공개되었는데, 물론 그것은 알베르트 아인슈타인과 같은 날이었다. 그리고 얼마 후 학생들은 전공 논문 발표 시, 자신의 이름을 내세우긴 좀 그렇고 누군가를 언론에서 수긍할 만한 책임자로서 내세워야 할 때에, S. B Preuß라는 이름이 써먹기 좋다는 것을 발견하게 되었다. 예를 들어 보쿰의 루르대학Ruhr-Universität Bochum의 물리학 및 천문학 관련 학과에서는 인터넷상에 연락처를 'S. B. Preuß' 라고 올려놓기도 했으며 이 이름은 물리과 학생들이 여는 운동회나 체스 시합에서도 나타나곤 했다. 그런데 최근에는 맞춤법 개정이 약간의 혼란을 일으킨 모양이다. 이젠 독일에서도 'S. B. Preuß' 가 아니라 'S. B. Preuss' 로 등장하는 것을 종종 볼 수 있기 때문이다. 인터넷 백과사전 위키피디아의 독일어 버전에는 전통의 'Sitzungberichte der Preußischen Akademie' 가 맞춤법 개정에 의한 영향을 전혀 받지 않음에도 불구하고, 국제 서식에 따라, 'Preussische Akademie der Wissenschaften' 라고 통일해서 적고 있다. 어쩌면 S를 두 번 쓰는 대중적인 방법을 택하는 것이, 아인슈타인의 이 가상 공동 저자에 대한 계속되는 오해를 막을 수도 있기 때문이다. 특히 S. B. Preuß 말고 S. B. Preuss라는 사람도 있다던가 하는 터무니없는 루머가 생기지 않도록 말이다.

이와는 완전히 다른 얘기지만, 여기에 언급할 만한 가치가 있는 이야기가 또 있다. 1975년 미국의 물리학자 헤더링톤J. H. Hetheringtons은 논문 발표에서 아주 특이한 공동 저자를 내세우게 된 일이 있었다. 당시 헤더링톤은 미시건주립대학교Michigan State University에서, 전공으로 극저온 물리학에 관한 문제들을 연구하고 있었다. 그는 몇 가지 흥미로운 결론을 내리고, 그것을 발표하고자 하였다. 그리고 그는 미국의 물리학 협회에서 주관하고 있고 좋은 평가를 받고 있는 〈물리학 논평 문학들*Physical Review Letters*〉을 자신의 논문 발표를 위한 잡지로 선택했다. 헤더링톤은 원고를 다 마친 후에, 잡지를 통해 과학 논문을 발표하는 일에 자신보다 경험이 많은 동료에게 한번 읽어 봐 줄 것을 청했다. 동료는 그 논문을 주의 깊게 살펴본 후, 매우 좋은 내용이라는 평가를 내렸지만 헤더링톤에게 이 논문의 형식 때문에 잡지 편집진들이 논문을 잡지에 실어 주지는 않을 것이라고 말했다. 당연히 헤더링톤은 그 이유를 알고 싶어 했고, 그의 동료는 왜 그런지 설명하기 시작했다. 그의 말은, 편집자의 규칙 가운데 한 논문을 연구자 한 사람이 혼자 작성한 경우에는 '우리' 를 사용하면 안 된다는 것이었다. 헤더링톤은 다시 한 번 자신의 논문을 면밀히 살펴보았고, 실제로 곳곳에 '우리' 라는 지칭이 사용되었음을 확인할 수 있었다. 당시로서는 아직 문서 작성을 위한 프로그램이 없었기 때문에, 이를 수정한다는 것은 논문을 전부 처음부터 다시 써야 한다는 것을 의미했다. 헤더링톤은 이 수고를 생략하고자, 어떻게 하면 다른 방법으로 이 문제를 해결할 수 있을지에 대해서 고민하기 시작했다. 그리고 결국 그는 한 가지 아이디어를 짜냈다. 그 아이디어는, 바로 공동 집필자를 내세움으로써 '우리' 라는 지칭은 그대로 두고 표제 부분만 바꾸려는 것이었다. 이런 경우 보통 그의 동료들 중 한 명에게 공동 저자로 이름을 빌려 줄 수 없는지 물어보는 것이 상식적일 것이다. 하지만 헤더링톤은 장난기가 발동해 다른 선택을 했다. 그가 키우고 있는 고양이를 공동 저자로 만들 생각이었던 것이다. 고양이의 이름은 체스터Chester였는데 윌라드Willard라는 이름을 가진 시암고양이 혈통이었다. 그런데 혹시 자신의 고양이 이름을 알고 있는 동료들이 있을지도 모른다는 생각에, 헤더링톤은 자신의 공동 저자에게 윌라드라는 성을 붙여 주었다. 그리고 이름은 체스터 대신에 첫 글자만 따서 약자로 썼다. 하지만 미국에서는 일반적으로 여러 개의 이름을 갖고 있기 때문에, 헤더링톤은 'C. 윌라드' 라는 이름만으로는 부족하다는 것을 느꼈다. 그래서 이름 전체에 학문적인 의미를 주기 위해서, 여기에 알파벳 'F' 와 'D' 를 덧붙였다. 동물학 전문어 목록에 따르면, 그 뒤에는 집 고양이를 의미하는 라틴어 학명인 'Felix domesticus' 란 뜻이 숨겨져 있었다. 이렇게 공동 저자인 윌라드F. D. C. Willard의 도움을 받아 헤더링톤의 논문은 무사히 잡지에 게재되었고, 이 후에 이 환상적인 두 번째 저자에 대한 놀라운 사실이 밝혀지자, 헤더링톤의 논문도 덩달아 세계적으로 유명하게 되었다. 그리고 이 논문은 학문의 유머에 대해 이야기할 때도 자주 인용되기도 했다. 1980년에는 심지어 윌라드F. D. C. Willard가 독립하여, 유명한 프랑스 과학저널 〈탐구*La Recherche*〉에 독자적으로 논문을 발표하기도 했는데 그로 인해 당시, 항간에 이 한두 저자 사이에 학문적인 견해 차이가 발생하여, 결국 헤더링톤이 물러선 것이라는 소문이 돌기도 했다. 근래 십여 년 동안에는 이 공동 저자 고양이에 관한 이야기는 어느 정도 잠잠해졌지만, 오늘날에도 가끔 다른 전문 문헌 목록에서 그 이름이 발견되곤 하는데, '윌라드, 개인적으로 전달' 이라든지, 코멘트에서 그에게 '유익한 토론을 통한 도움' 에 대한 감사의 말을 전하는 경우가 그러하다. 이것을 보면 그가 여전히 학문적으로 연구 활동을 활발히 하고 있다는 것을 알 수 있으며 앞으로도 오래도록 그렇게 되기를 바랄 수 있을 것이다. 어쨌든 그 사이 윌라드는 인터넷에 있는 '역사적인 고양이 목록' 에도 올라갈 정도로 유명해졌다. 하지만 독일의 저자들은 그와 함께 논문을 집필하는 것을 피하는 것이 좋다. 왜냐하면 독일의 연구 단체에서 내놓은 '각각의 저자가 전체 논문의 내용에 연대 책임이 있다' 라는 규칙에 위배되어 혹 제명당할 수도 있기 때문이다. 물론 윌라드가 그 많은 책임을 떠안을 준비가 되어 있는지는 아직 확실히 밝혀지지 않았다.

놀라운 핵물리학

비곤Bigon의 놀라운 발견

1996년에 일어난 네 번째 이야기는 미국의 유명한 월간지인 〈디스커버〉에 발표되어 세간의 이목을 끌었던 새로운 소립자의 발견에 관한 논문 내용이다. 핵물리학에서의 이 엄청난 진보는 〈디스커버〉의 보도에 따르면, Centre de 1'Etude des Choses Assez Minuscules라는 꽤 듣기 좋은 이름의 프랑스 연구 센터에서 이루어졌다고 한다. 명망 있는 과학자 앨버트 머케Albert Manqué와 장 사비에르 츠바이슈타인Jean-Xavier Zweistein은 이 새로운 소립자를 '비곤'이라고 명명했다. 논문에 따르면, 비곤의 특성은 매우 진기한 것이라고 한다. 비곤은 100만의 1초밖에 존재할 수 없지만, 그 짧은 시간 안에 볼링공만한 크기까지 증대된다고 언급했다. 머케는 디스커버의 리포터에게 비곤을 통해서 지금까지 알려지지 않은 수많은 불가사의한 현상을 설명할 수도 있다는 추측을 넌지시 알렸다. 그 외에도 이 두 명의 프랑스 과학자는 실험을 가능하게 해 주고 세계적인 발견을 가능하게 해 준 우연히 찾아온 행운에 대해 감사를 돌렸다. 그들의 연구 분야는 원래 컴퓨터 영역으로서, 주로 마이크로칩을 개량한 진공관으로 대체하는 실험을 진행했다. 따라서 지금까지 매우 적은 과학자들만이 주목을 받지 못한 채, 이 까다로운 연구에 공헌해 왔다고 언급했다.

머케와 츠바이슈타인은 새롭게 개발한 이 진공관을 실험하는 과정에서 매우 깜짝 놀랄만한 경험을 체험하게 되었다. 그들이 진공관에 높은 강도의 전류를 보냈을 때, 가까이에 있던 컴퓨터의 모니터가 폭발한 것이다. 그들은 처음에 이 폭발이 당연히 그들의 실험과는 아무런 연관 없이 일어난 일이라고 생각했다. 왜냐하면 그 망가진 컴퓨터는 완전히 분리된 전기 회선과 접속되어 있었기 때문에 진공관 실험 구조물과는 절대적으로 연결될 수 없었기 때문이었다. 그런데 그들이 새로운 컴퓨터를 사들여 실험을 진행했을 때, 또다시 모니터가 폭발했다. 이에 그들은 고속 비디오카메라를 설치하고 같은 실험을 반복 실행했다. 그러자 또 한 번의 모니터 폭발이 발생했다. 비디오 필름의 연속 사진들을 면밀하게 분석해 본 결과, 머케와 츠바이슈타인은 정말 그 짧은 순간에 검은 그림자와 같은 물체를 발견하고는 놀라움을 금치 못했다. 그 물체는 약 볼링공만한 크기였으며, 망가진 컴퓨터 위로 부유하고 있었기 때문이다.

머케와 츠바이슈타인은 이 흥미로운 관찰에 관해 다음과 같이 설명했다. 바로 진공관 안의 전기 영역이 어떠한 원인에 의해서 모니터의 음극선관 안에 있던 진공의 에너지 상태를 바꾸었다는 것이다.

엄밀히 말해, 진공상태는 원래 진짜 비어 있는 것이 아니라, 소수의 미립자만이 존재한다. 그 미립자들은 대부분 매우 작지만 갑작스럽게 커질 수도 있고 순식간에 사라질 수도 있다. 그들은 모니터 안에서 우연히 비곤의 생성을 발생시킴으로써, 또 하나의 전자공학 분야를 만들어 냈다는 것이다. 그 사이 머케와 츠바이슈타인은 특별한 연기실을 만들었는데, 그곳은 가스가 가득 차있는 검파기로서 소립자 흔적을 증명하는 역할을 수행했다. 머케는 디스커버의 과학 담당 리포터와의 인터뷰에서 '비곤은 독특한 사인을 남긴다' 고 언급했는데, 그는 이러한 미립자의 흔적이 자연 어디에서나 나타난다고 주장했다. 특히 그는 비곤이 구상 번개에서 지진과 편두통까지 영향을 끼쳤을 가능성이 있다고 믿었다. 그리고 지금까지 거의 조사가 되지 않은, 어쩌면 조사하기 꺼렸던 인간 자연연소 현상에서도 그 해답을 찾을 수 있을 것이라고 덧붙였다. 같은 파리 연구 센터에서 고고학 분야에 근무하는 머케의 한 동료는 그의 이론을 대변하기까지 했는데, 그는 비곤이 예리코의 장벽 붕괴를 야기했을 거라고 했다. 적어도 그의 시각으로는 이러한 가능성이 지금까지 통용되는 나팔 가설처럼 그럴 듯하게 보였던 것이다.

츠바이슈타인에 따르자면 프랑스의 이런 엄청난 실험 결과에도 불구하고, 아직 비곤의 존재를 의심하는 몇몇 미국의 핵물리학자들이 있다고 언급했다. 그들 중 대부분이 이 모든 것이 만우절 장난이라고도 주장했다는 것이다. "그 사람들은 야비하죠"라며 이 프랑스 과학자는 체념한 듯이 계속 이렇게 말했다. "과학은 끊임없이 경이적인 성과를 만들어 냅니다. 처음에는 사람들이 믿기지 않아 하지만, 결국 나중에는 그것이 옳았다는 것이 밝혀지게 되지요."

그러는 사이에, 영향력 있는 미국의 물리학자 로비Lobby가 이 비곤 연구를 강하게 악평했다. 그 후로는 계속 이어지는 비곤과 관련한 사건들에 대해서 더 이상 아무도 믿지 않게 되었고, 로비의 악평은 성공한 것처럼 보였다. 게다가 머케와 츠바이슈타인은 굉장히 당황한 것처럼 보였고 첫 번째 논문 발표 이후 어떠한 다른 출판물도 이어지지 않았기 때문이었다. 들은 소식통에 의하면, 미국의 비곤 적대자로부터의 중요한 비평의 관점은 다음과 같은 곳에 기인한다. 그 프랑스의 두 과학자는 이 새로운 소립자를 위해 국제적 명칭 체계와 전혀 부합하지 않는 이름을 골랐다는 것이다. 지금까지 원자의 원소 이름은 단어의 끝이 -onen으로 끝나는 것이 일반적이었다. 예를 들면, 전자Elektronen, 중성자Neutronen, 양자Protonen에서와 같이 경입자Leptronen, 하드론Hadronen, 보손Bosonen에서도 이러한 표시법을 찾아볼 수 있다. 물론 비곤도 이러한 요구에 외관상으로는 충분해 보였다. 하지만 'g'가 들어감으로써 구상기하학의 전문 용어집에서 심각한 혼동을 일으킬 가능성이 있다는 것이다. 이 용어집에는 가끔 비곤이라고 지칭되는 디곤Digon이 이미 존재하기 때문이다. 특히 다음과 같은 미국 사회로부터의 비평 관점이 프랑스 과학자들을 격분하게 만들었을 것이다. 우선 첫 번째로, 그 두 명의 프랑스 과학자들이 비곤이란 이름을 '큰big' 이란 영어 단어를 내포하기 때문에 선택했다는 것이다. 그들은 새로 발견한 이 소립자의 이름 때문에라도 미국으로부터 즉각적인 호평을 얻을 것이라고 기대했다는 것이다. 왜냐하면 모두가 다 아는, 'big' 이란 단어가 뚜렷하게 들어가 있기 때문이다. 하지만 비곤의 가장 큰 문제점은 바로 미국에서 발견된 것이 아니라는 점에 있다. 만약 이러한 전제 조건이 충족되었다면, 적어도 명칭과 관련된 비평 관점에서만큼은 분명히 아량 있게 봐주었을 것이다. 그리고 어쩌면 비곤이 미국에서 또 다른 이름으로 재발견되고, 그 승리의 행렬이 전 세계를 돌 때까지 존속 기간이 몇 년간 더 지속되었을지도 모른다.

"파이pi" 전쟁

원주율에 대한 공격

원주율 파이는 분명 세계에서 가장 널리 알려진 수이다. 특히 독일에서는 파이가 거의 속담처럼 되어 버렸다. 그래서 대부분의 독일 사람들은 어떤 것이 엉터리로 평가되었음을 말할 때 '파이 곱하기 속임수'란 표현을 쓴다. 파이의 흔적을 예술의 세계에서도 찾아 볼 수 있다. 예를 들어 시애틀에는 파이의 조각 작품이 있다. 그리고 칼 세이건Carl Sagan은 1981년에 파이가 중요한 역할을 수행하는 「접촉」이란 책을 집필했다. 게다가 1998년에는 '파이'라는 제목의 영화가 개봉되기도 했었다. 영화는 어떤 수학자가 파이의 모든 공식을 이끌어 내려고 노력하는 내용을 담고 있다. 케이트 부시Kate Bush라는 여가수는 2005년에 숫자 파이라는 노래를 헌정하기도 했다.

수학적으로 바라보면, 파이는 근사치 3.14를 갖고 있는 상수라고 할 수 있다. 몇 세기가 지나면서 그 값은 더욱더 정확히 산출되었다. 시간이 흐르면서 파이의 소수점 뒷자리는 1조 이상의 자리까지 알려지게 되었고, 이 숫자를 암기하는 이른바 '파이 운동' 이라는 것으로 발전하면서 관련된 챔피언십까지 개최되는 일도 있었다. 당시 비공식 세계 기록은 아리카 하라구치라는 일본인에 의해서 세워졌는데, 그는 파이의 뒷자리에 나오는 100,000단위 소수점까지 암기하여 세간의 주목을 받았다고 한다. 특히 파이는 기하학에서 지름으로 원의 둘레를 산출하는 역할을 한다. 이때의 원주율은 원의 크기에 비례한다. 사실, 파이는 그리스 문자에서 따온 기호인데, 그리스어로 경계 영역을 뜻하는 '페리파이라perifeira' 와 둘레를 뜻하는 '페리메스터perimester' 라는 글자가 모두 파이 글자로 시작하기 때문에 명명된 것이다. 처음으로 파이를 원주율의 기호로 사용한 수학자는 윌리엄 존스(william jones 1675~1749)이다. 그리고 파이는 시간이 흐르면서 오늘에 이르러 더욱 일반적으로 적용되었다. 그런데 원주율은 또한 '아키메데스 상수' 또는 '루돌프식의 수' 라고 불리기도 한다. 왜냐하면 이 두 학자가(Archimedes von Syrakus BC 285~212년경, Ludolph von Ceulen AD 1540~1610년경)가 파이 산출문제를 깊이 연구했기 때문이다. 수학 전문 용어 사전에 의하면, 파이가 실제로 존재하긴 하지만 유리수로 사용되지는 않는다고 명시되어 있는데, 이 말은 무엇보다도 파이가 두개의 정수 비율로서가 아니라 분수로서 사용될 수 있다는 것이다.

미국에서 파이가 거의 한 편의 법률 오페라로 상영된 적이 있었다. 그런데 1897년에 인디아나 연방 국가의 정부에서 파이의 수치를 변경해야 한다는 법안이 제출되면서 파이에 대한 미국의 공격이 시작되었다. 이 특이한 의안은 '인디아나 파이 법안' 이라는 표제로 역사 속에 기록되었다. 이 법안은 국회의사당에 제3독회 다음으로 접수되었지만 시의회는 이 사항이 합법적으로 효력을 발휘할 수 없다고 보고서 파이 법안을 연기하기로 결정했다. 하지만 이 법안은 놀라울 정도로 완벽한 법조문의 형식으로 꾸며져 있었고, 모든 법안들이 여러 개의 장으로 나뉜 형식으로 구성되어 있었다. 제1장에서는 의안의 진의와 목적을 밝혔고, 제2장에서는 왜 3.2라는 값이 확정되어야 하는지에 대한 이유를 설명했다. 그리고 제3장에서는 제안한 값으로 파이를 변경했을 때 따를 수 있는, 예상되는 양육이나 학문 분야에서의 이점을 소개하였다. 이러한 법안 제의에 영향을 받은 수학자 에드윈 굿윈Edwin J. Goodwin은 국민 발언권을 주장하며 인디아나 정부에 파이 값 변경에 따른 이점을 매우 인상 깊게 설명했다. 그의 설명으로부터 엄청난 수익을 감지한 사람들은 급기야 새로운 법안을 작성하기에 이르렀다. 하지만 다행히 재판이 종결되기 바로 직전에 '진짜 수학자' 가 나타나면서 이 황당한 계획은 저지되었다고 한다.

그런데 그로부터 백여 년이 지난 1998년에 파이에 대한 미국의 공격이 다시 발생하였다. 당시 과학 저널이었던 〈뉴 멕시칸 폴 사이언스 앤 리즌*NMSR: New Mexicans for Science and Reason*〉에 실린 보도는 첫 문장부터 사람들에게 큰 충격을 안겨 주었는데 그 내용은 다음과 같았다. "나사의 엔지니어와 수학자들은 이 도시의 높은 기술력에 할 말을 잃었고, 앨라배마 시 입법부에 화가 났다. 그 까닭은 어제 과반수의 사람들이 수학의 상수로서 항공기 산업에 쓰인 파이를 다시 재정의 하자는 법안을 가결 처리했기 때문이다. 파이 값을 정확히 3으로 하자는 이 법안은 … 레오나르드 리 로슨Leonard Lee Lawson에 의해서 제출되었다. 이에 로슨은 솔로몬연구회Solomon Society의 회원으로부터 응원의 편지 … 와 갑작스런 후원을 받게 되었다. 주지사 가이 헌트Guy Hunt는 수요일에 이 법안에 서명을 할 것이라고 언급했다." 이어지는 기사에는 이 법안의 반대자와 변호인의 말이 인용되었다. 예를 들어, 탄도 미사일을 위한 방어 기구에서 관리직을 맡고 있는 마샬 버그맨Marshall Bergman은 다음과 같이 말했다. "만약 그들이 파이를 정말 사용하는 사람에게 물어봤다면 좋을 뻔했네요." 그리고 앨라배마 대학의 수학자 킴 요한슨Kim Johanson 또한 이에 매우 비판적이었다. 킴은 파이가 '3.14159 뒤에 이어지는 숫자, 요컨대 만약 시간이 있다면 얼마든지 계산할 수 있는 엄청나게 많은 자리로' 정의된다고 언급했다. 그러나 이러한 학술적인 논평은 법안 제출자인 로슨에게 성경에 거역하는 발언이었을 것이다. 로슨은 솔로몬 왕이 신전 안 제단 위에서 읽었던 부분인, 왕의 첫 번째 책(성서 책명: 열왕기상) 7장, 23절을 증거로 내세웠다. 거기에는 다음과 같은 말이 기록되어 있다. "이 위에 그는 원형의 세례를 위한 큰 그릇을 만들었다… 그릇의 가장자리에서 반대쪽까지 10엘레(독일의 옛 치수 단위로서 성인 남자의 팔꿈치로부터 가운데 손가락까지의 길이, 1엘레는 약 53.3~54.8cm—옮긴이)에 달하였다… 그릇을 30엘레 길이의 끈으로 둘러쌀 수 있었다." 그 밖에도 로슨은 정확히 셀 수 없는 수의 유용성에 대해 의문을 제기하며 정답을 모르는 무지는 학생들의 사고 판단을 해칠 수 있다고 역설했다. 끝으로 그는 '우리는 사회에서 어느 정도의 절대성을 회복해야 할 필요가 있다'고 주장했다. 로슨은 또한 과학 영역에서도 후원을 받았는데, 그 후원사인 마샬 우주비행센터에서 Marshall-Raumfaht-Zentrum 근무한 기술자 러셀 험블레이Russell Humbleys는 다음과 같이 진술했다. "파이는 유클리드 기하학의 유물에 지나지 않습니다. … 다른 기하학들도 존재합니다. 그리고 파이는 그들 중 어느 하나의 것으로 구별되는 것뿐이죠…."

몇몇 교육 전문가들은 그 기사대로라면 법률 제정이 앨라배마 주의 수학 수업 방식을 근본적으로 바꿔 버릴 수도 있다며 우려를 나타냈다. 시 교육청에서 일하는 릴리 포냐Lily Ponja는 다음과 같은 견해를 내놓았다. "…파이의 가치는 학설에 지나지 않아요. 우리는 모든 의견에 마음을 열 필요가 있어요." 포냐는 미래의 학생들은 어떤 파이 값을 받아들일지 스스로 선택할 자유를 가져야 한다고 주장했다. 다른 많은 전문가들은 파이 때문에 보수주의와 전문 엘리트 사이에 국가적인 논쟁이 일어날 수 있다고 경고했다. 이러한 평가에 레오나르드 리 로슨은 다음과 같은 말로 분명하게 동의를 표했다. "우리는 파이 값이 성경에 나온 대로 숫자 3으로 되돌아가길 바랍니다."

앨라배마 주에서 파이 값이 법적으로 변경될 것이라는 보도는 연발총처럼 전 지구를 떠돌았다. 이 보도는 당시 광범위하게 세분화되었던 인터넷 덕택에 짧은 시간 안에 전 세계의 과학자들에게 알려졌고, 이로 인해 의회와 앨라배마의 주지사에 맞서는 강력한 반대 파동이 일어났다.

이 사건으로 NMSR 레포트의 편집자는 마치 부추김을 당하는 것처럼 보였고, 결국 저널 5월호에 그 보도가 만우절 장난이었음을 공표했다. 그러면서 "물리학자 마크 보슬로Mark Boslough가 그 기사를 작성했으며, 필명으로 '4월의 휴일April Holiday'을 사용했다. 그리고 그는 독자들에게 신뢰감을 주기 위해서 통신사 '언론 조합The Associalized Press'의 이름을 인용하여, 사람들이 그 보도를 진지하게 받아들일 필요가 없다"고 명시했다. 그러나 인터넷상에서는 이와 같은 지시 없이 기사가 순식간에 퍼져나갔고, 정말 뜻밖에도 많은 사람들이 이 사건을 진지하게 받아들였다고 한다.

물론 깊게 생각하지 않아도 알 수 있듯이, 위와 같은 기사를 마크 보슬로가 쓰지는 않았음이 분명하다. 하지만 이번 사건은 그에게 약 백여 년 전에 일어났던 '인디아나 파이 법안'에 대한 기억을 떠올리게 했다. 하지만 보슬러가 더 해괴한 사건에 대한 풍자 기사를 쓰고 싶어 했다면 아마도 다음과 같은 이야기가 더 흥미로울 것이다. 1998년 뉴멕시코 의회에서는 진화 이론과 관련하여 재판이 진행되었다. 그런데 흥미로운 것은 앞에서 언급했던 법안 제출자인 앨라배마 출신의 레오나르드 리 로슨의 이름에서 하나의 철자를 빼면, 이번 진화 이론의 법안을 제출한 뉴멕시코 출신의 레오나르드 리 뤄슨과 일치한다는 점이다. 한편, 의회에서는 재판에 대한 토의가 열기를 띠며 진행되고 있었는데 그때 뤄슨은 의사당 복도에서 박제된 원숭이를 이리저리 흔들며 "이것은 내 삼촌이 아닙니다!"라고 소리치고 있었다.

이미 만우절 보도에서 언급되었던 많은 사람들과 그리고 이번 진화 이론 사건과 관계된 사람들은 대체로 비슷한 공통점을 갖고 있다. 이미 오랫동안 미국의 몇몇 주에서는 그리스도교 근본주의자들이 다음과 같은 사항을 요구해 왔었는데, 그것은 바로 학교에서 생명체의 생성에 관해서 다윈의 진화론만을 가르칠 것이 아니라, 성경의 창조 역사에 기초를 둔 창조론도 가르쳐야 한다는 것이었다. 그러는 사이 미국의 부시 대통령까지도 이러한 견해에 찬성하기에 이르렀는데, 사실, 그는 근본주의자들과 사이가 꽤 가까웠다. 이미 미연방국가 캔자스 주의 교육청은 이러한 근본주의자들의 요구에 따라 법을 바꾸기도 했다. 물론 유럽에서도 이러한 시도가 없던 것은 아니었다. 이탈리아 정부는 벨루스꼬니Berlusconi에 의해 2004년 4월 중학교 교과 과정에서 진화 이론을 삭제하려 했었지만, 많은 정치가

와 저명한 학자들의 끈덕진 항의로 이 계획을 겨우 저지할 수 있었다. 이와 같이 말도 안 되는 사건들을 몇몇 풍자 작가들이 작품을 구상할 때 인용하는 것은 어쩌면 당연한 일일 것이다.

인텔리전트 디자인?

창조설에 대한 풍자

창조론주의자들은 성경에 기록된 내용을 토대로 우주와 모든 생명들은 전지전능한 신이 직접 창조하였다고 주장하고 있다. 그들은 자연과학적인 설명, 특히 다윈의 진화론을 전혀 받아들이지 않으며, 부분적으로는 신성모독이라고까지 여긴다. 이탈리아어에서 파생된 '크레아레creare' 라는 명칭은, '창조하다' 라는 뜻을 지니고 있다. 성경의 각 구절을 의미 있게 받아들이는 기독교와 그리스도교 사이에는 창조주의론이 일반화되어 있다. 이들의 근거지는 특히 미국에 넓게 퍼져 있는데, 2005년 설문 조사에 따르면 미국 국민의 42%가 '세상이 시작할 때부터 생물들이 오늘날과 같은 형태를 갖고 있다' 는 견해를 가지고 있다. 그리고 미국 인구의 과반수가 학교 수업에서 창조론 가설에 대한 참작이 필요하다는 의견에 찬성하며 당시의 미국 대통령 부시도 이러한 견해를 지지했었다. 물론 유대교와 이슬람교들도 이러한 창조론적인 사상을 갖고 있지만, 오늘날의 그리스도교만큼 격렬한 논의가 있지는 않다.

이러한 창조론주의의 현대적인 형태를 '인텔리전트 디자인ID: Intelligent Design'이라고 부른다. 이러한 명칭은 1871년 로드 켈빈Lord Kelvin에 의해서 처음 사용되었다. 그는 다윈과는 반대로 진화가 신의 능력으로 이루어진 것이라고 믿고 있었다. 이러한 관념은 1987년 미국의 최고 연방재판소가 공립학교의 교과 과정에서 창조론주의에 대한 참조가 위법적인 것이라고 판결을 내린 후 부활했다. 창조론주의자 찰리스 택스톤Charles Thaxton은 1989년에 『판다와 인간에 관하여*Of Pandas and People*』라는 제목의 책을 집필했는데 이 책은 '인텔리전트 디자인'에 관한 첫 번째 책으로 평가되었다. 하지만 이 창조론주의 변종이 처음으로 공중파에 널리 알려진 것은 미국의 법률가 필립 E. 존슨Philipp E. Johnson이 쓴 『심판대 위의 다윈*Darwin on Trial*』이란 책을 통해서였다. 그 때문에 존슨은 인텔리전트 디자인 운동의 창시자로 알려져 있다. 이러한 신념에 편승한 옹호자들 또는 신창조주의론자들은 우주 공간 속에서 일어나는 생물과 진화의 특정한 현상은 자연과학적인 진화론보다는 지적 존재에 의한 근간으로 훨씬 쉽게 설명될 수 있다는 견해를 갖고 있다. 그들은 이러한 사상에 좀 더 과학적인 토대를 두기 위해서, 성경과 직접적인 관계를 묘사하는 것을 제한하고 있다. 그렇게 해서 '인텔리전트 디자인' 이 과학적인 학문으로 인정을 받게 되고, 그에 따라 학교에서도 가르쳐야 한다는 소정의 목적을 달성하려고 하는 것이다. 교회와 정부의 첨예한 대립 관계로, 결국 미국 공립학교에서는 종교적인 사상을 다루는 것이 금지되었다. 그로 인해 지금까지 수업에서는 창조론적인 관념이 상대적으로 적게 참작되었다. 이러한 창조론의 과학주의적인 전략은 무엇보다 디스커버리 재단Discovery Institut에 의해 시작되었다. 이 재단은 1990년 레이건 시대에 영향력 있던 보수당원 중 한 명이었던 브루스 셔먼Bruce Chapman이 창립했다. 현재 이 재단은 15개 관리국에 의해서 운영되고 있으며, 이들은 거의 모두 그리스도교에 근본을 둔 종교 단체로 구성되어 있다. 재단 회원인 하워드 에머슨Howard Ahmanson은 그의 일에 대해서 다음과 같이 말한 적이 있다. "제 목표는 우리의 삶과 성경의 권능을 완벽하게 융합시키는 것입니다." 또한 미국의 여러 주에서는 '학교에서도 인텔리전트 디자인에 관한 교육이 시행되어야 한다' 는 주장과 그에 따른 집중적인 활동이 전개되었다. 그런데 이러한 활동은 2005년에 들어서 잠시 잠잠해지게 되었다. 그 까닭은 미국 연방 재판소가 인텔리전트 디자인을 과학에 근거를 둔 이론이 아니라, 종교적인 배경을 둔 사이비학이라고 판결했기 때문이었다. 이 판결로 인해 그 당시 재판을 진행했던 존 존스라는 판사는 판결 이후 살인 위협을 받을 정도로 위험에 처하게 되어 연방 경찰들에게 보호를 받아야 했다고 한다.

'인텔리전트 디자인' 을 학문으로서 인정할 것인지에 대한 문제를 토론하기 위해 많은 유명한 과학자들이 참여했다. 2005년 9월에 38명의 노벨상 수상자들은 다음과 같은 진술을 공표했다. "인텔리전트 디자인은 근본적으로 비과학적입니다. 그것은 과학적인 이론으로서 전혀 재고할 여지가 없는 것입니다. 왜냐하면, 믿음에 관한 주요 진술이 초자연적인 원동력에 기인하기 때문입니다." 얼마 후 호주에서도 70,000명의 회원을 갖고 있는 자연과학자와 교육자들의 집회가 열렸고, 그들 역시 다음과 같은 입장을 표명했다. "인텔리전트 디자인은 과학이 아닙니다. 인텔리전트의 거의 모든 표징들은 과학적 이론의 토대가 없기 때문에, 모든 학교에서 그것을 자연과학의 일환으로 가르쳐서는 안 될 것입니다."

인텔리전트 디자인 활동에 대한 강한 항의의 표현으로, 미국에서는 풍자까지 생겨났는데, 특히 그 풍자들은 자칭 창조론주의의 과학성에 대해서 날카롭게 비웃었다. 예를 들면, 은퇴한 물리학자 마크 페럭Mark Parakh은 2003년 '언 인텔리전트 디자인Unintelligent Design' 이란 도발적인 제목으로 책을 집필했다. 그는 창조 계획이 지적이기는커녕 오히려 우둔했었기 때문에 약간의 실수가 생겼을 것이라는 명제를 내세웠다. 저자는 책에서 하나의 증거로 코끼리와 가까운 친척을 예로 들었다. 오늘날 사람들이 확인할 수 있는 코끼리 화석은 25개의 종류인 반면에 현재 생존하는 종은 겨우 2개뿐이라는 사실을 밝혔다. 저자의 견해에 따르면, 이러한 결과로부터 알 수 있듯이 창조자가 커다란 귀와 긴 코를 가진 포유동물을 만들려고 계속적으로 시도하였으나, 매번 실패했기 때문에 이 피조물이 거의 멸종했다는 주장이었다. 이로써 '인텔리전트 디자인'의 정당화에서 논리적인 약점을 매우 인상 깊게 밝혀 낸 것이다. 왜냐하면 종종 발생하는 동식물의 멸종이 모든 것을 예견할 수 있는 지적 창조자에 대한 사상과 그다지 정확하게 부합하지 않기 때문이다.

다른 패러디 단체에서는 인텔리전트와 꽤 연관성이 깊어 보이는 '인텔리전트 폴링IF: Intelligent Falling'이라는 이름을 사용했다. 그것은 2005년 유명 작가인 데이비드 크레이그 심슨David Draig Simpson에 의해 집필된 『중력의 가르침*Teaching Gravity*』이라는 책에서 처음으로 소개되었다. 그로부터 얼마 후 조수아 로제나우Josua Rosenau는 '영감 인텔리전트 폴링의 탄생Inspiration-The Birth of Intelligent Falling'이란 제목으로 인터넷에 글을 올렸다. 그리고 다시 얼마 후 그 논설은 풍자 전문 잡지인 〈양파*The Onion*〉에도 실리게 되었다. '인텔리전트 폴링'의 이론은, 물질은 중력에 의해서가 아니라 '고도의 지적인 존재'에 의해서 땅에 붙어 있다는 전제에 근거한다. 이러한 가설을 위한 증거로서, 그동안 '인텔리전트 디자인'의 대변인들이 행했던 것처럼 비슷한 부류의 불확실한 논거들을 내세웠다. 끝으로 저자는 다음과 같이 언급했다. "IF는 지구 주위의 행성들과 별들의 움직임이, 오직 자연적인 발달의 과정으로 설명되기에는 너무 복잡하다는 견해를 가지고 있다. 만약에 한 사람이 길을 가다가 갑자기 넘어졌다면, 분명히 어떤 무엇인가가 작용했기 때문이라는 것이다. 바꿔 말하면 그가 무엇인가에 의해 밀쳐졌기 때문이고, 따라서 반드시 그를 밀친 자가 있다는 것이다. 나의 소견은 별들이 연달아 겹쳐져 있을 때 그것을 통제하기 위해 천사들이 행성들을 밀어 움직이는 것이라고 생각한다. 만약 이것이 사실이라고 가정하면, 우리 아이들은 지구가 태양 주위를 돌고 있다는 반성경적인 잘못된 생각을 배울 필요가 없다. 만약에 통치자가 태양이 스스로 움직이길 원한다면, 그렇게 되지 못하리라는 이유는 없다. … 만약 중력이 무엇인지 뉴턴의 역학 이론 학자들이 설명 할 수 없었다면, … 인텔리전트 폴링이 우주만물 이론 중 가장 믿을 만한 유일한 것임을 왜 사람들이 받아들이지 못하는가."

이러한 인텔리전트 디자인 운동과 관련된 기사 중 가장 특색 있는 풍자 기사는 다름 아닌 새로운 종교의 창시에 관한 것이다. 그 종교는 '비행하는 스파게티 몬스터FSM: Flying Spaghetti-Monster' 라는 유일무이한 신을 섬기고 있다. 이 종교는 2005년 미국의 물리학자 바비 핸더슨Bobby Henderson에 의해서 세상에 소개되었다. 핸더슨은 미 연방 국가 캔자스 주의 교육청 관리국에 다윈의 진화론처럼 인텔리전트 디자의 사상도 수업에서 가르쳐야 한다는 주장에서 큰 자극을 받게 되었다. 그래서 그는 즉시 교육청에 투고의 편지를 보냈고, 학생들이 '에프에스엠주의FSMism' 속에서 교육을 받아야 한다고 당당히 요구했다.

그는 다음과 같이 에프에스엠주의의 근본적 신앙의 뿌리를 설명하였다. "이 '비행하는 스파게티 몬스터'가 세상을 창조했다는 주장을 사람들에게는 증명할 수 없을 것이다. 왜냐하면 사람들을 혼란시키기 위해서, 진화하는 자연현상 작용 속의 모든 증거들이 이 몬스터에 의해서 의도적으로 흩어졌기 때문이다. 이 종교의 교주는 바비 핸더슨이다. 그의 추종자들은 또한 '비행하는 스파게티 몬스터'가 해적 표시를 사용하길 원했는데, 세계적인 지구 온난화에 따른 많은 자연재해들로 해적들의 수가 감소했기 때문이다. … '파스타파리스Pastafaris'라고 불리는 스파게티 몬스터의 추종자들은 동양의 누들 수프 중 한 종류를 지칭하는 '라면Ramen'이란 말과 함께 기도를 끝냈다."

핸더슨의 요구에 대해 캔자스 주 교육청 어떻게 대응했는지는 아직까지 알려지지 않았지만, 에프에스엠 종교는 매우 빠른 속도로 확산되고 있다. 그 사이 인터넷상에서는 100만 개가 넘는 스파게티 몬스터 관련 사이트들이 제공되고 있고, 에프에스엠주의는 이미 종파의 분열도 맞이했다. 한 가지 예로 웨스트버지니아에서는 '정통파 몬스터주의 교회 조직Orthodox Monsterist Church'이 생겨났고, 오리건에서는 '오리가노의 숭배Cult of Oregano'라는 조직이 만들어졌다. 물론, 유럽에서도 이미 교두보가 형성되어 영국 해협에 위치한 저지Jersey 섬에는 '스파게티성 무민 교회Moomin Church of His Spaghettiness'가 설립되었고, 또한 독일의 브레멘과 프랑크푸르트에도 비행하는 스파게티 몬스터 연합교회가 세워졌다. 어쩌면 이 근거지가 전 유럽으로 선도활동을 전개하는 데 다리 역할을 할지도 모른다.

크리스마스 이야기

산타클로스 물리학과 크리스마스 연구 논문

무뚝뚝한 자연과학자들이라 할지라도 크리스마스적인 감수성과 분위기는 완전히 뿌리칠 수 없을 것이다. 그래서 과학자들은 니콜라우스 또는 산타클로스 현상을 과학적인 방법으로 엄격하게 연구함으로 이러한 유혹을 물리치기 위해 노력하였다. 이러한 연구 활동은 '니콜라우스 물리학' 이란 명칭으로 불리게 되었다. 하지만 이 연구 활동과 관련된 명백한 개념 규정이 부족하기 때문에 우리는 이 새로운 학문을 어떻게 분류해야 할지 잘 모르며 또한 이 연구와 니콜라우스가 어떤 관련이 있는지도 확실히 알 수 없다. 왜냐하면 나라마다 니콜라우스의 일화를 언급하는 내용이 각각 다르고 그의 활동 시기 또한 모두 동일하지 않기 때문이다. 성스러운 니콜라우스와 관련된 역사적인 토대는 꽤 복잡하지만, 옛 성인 이야기를 근거로 하면 니콜라우스는 모두에게 사랑받는 아이들의 친구였었다. 니콜라우스는 가난한 3명의 소녀들에게 몰래 황금을 나눠주어 소녀들을 치욕스러운 위기로부터 구출한 것으로 유명하다. 오랜 시간 동안 니콜라우스는 그의 일화와 함께, 아낌없이 아이들에게 선물을 주는 이로 알려지게 되었고, 이에 대해서는 어떠한 방해도 없었다고 한다. 그런데 어느 날, 마틴 루터Martin Luther라는 종교 개혁자의 방해로 니콜라우스는 분개하게 된다. 왜냐하면 루터는 종교개혁 이론에 근거하여 성인 숭배를 반대했기 때문이다. 또한 그는 많은 나라에서 지키고 있던 12월 6일 니콜라우스 축일에, 아이들에게 선물을 주는 풍습이 사라지도록 만드는 데 앞장섰다. 그 대신, 루터는 크리스마스에 어린이들에게 선물을 주는 '그리스도 어린이'를 만들어 냈다. 그런데 신교주의인 네덜란드가 니콜라우스 축제의 근절을 완벽하게 막아내었는데 그들의 '신터클라스Sinterklaas'는 오늘날까지 존재하여 12월 6일이 되면 선물을 나누어 주곤 한다. 마찬가지로 독일의 몇몇 지방과 스위스, 그리고 오스트리아에서도 여전히 12월 초에 니콜라우스가 찾아오긴 하는데, 대부분 조그마한 선물만을 놓고 간다. 천주교 신자들 또한 19세기 초까지는 12월 초가 되면 선물을 주는 풍습을 준수했었으나, 결국에는 증가하는 다양한 그리스도 신교들과 함께 크리스마스 풍습을 지키게 되었다. 말하자면 그리스도 어린이가 '천주교인'이 되어 버린 것이다. 그리하여 이 같은 부류의 종교를 가진 추종자들 사이에서는 '선물 돌리기' 가 크리스마스처럼 중요한 일로 여겨지게 되었다. 한편 신교도들은 순수 천주교에서 비롯된 예수 탄생의 마구간 입체 장식을 받아들이면서 이에 보답했다.

네덜란드 출신의 해외 이주자들은 그들의 '신터클라스' 를 새로운 세계로 이끌었는데, 나중에는 이것이 '산타클로스Santa Claus' 로 변형되었다. 그리고 그들은 산타클로스로서 선물을 나눠 주는 활동을 유감없이 발휘했는데 그들은 순록들이 이끄는 썰매를 타고, 하늘 위로 날아다니며, 난로를 통해서 몰래 집안으로 들어간 후, 선물을 놓고 떠난다.

현재 알려진 니콜라우스 물리학의 중요한 토대는 아마도 1990년에 처음으로 공개된 한 논문에 근거한 이론일 것이다. 그 이후로 이 논문의 형식은 어느 정도 수정되어 인터넷상으로 널리 확산되었다. 기초적인 논문의 저자는 밝혀지지 않았으나, 핀란드의 학자들이 매해 니콜라우스와 산타클로스에게 떠맡겨진 작업들을 계산하여 해결한 것으로 보이는 내용들이 논문 대부분의 단락에서 나타난다.

우선 논문의 서론에서는 지금까지 어떠한 순록도 하늘을 날 수는 없었다고 분명히 밝혔는데 그 때문에 크리스마스와 산타에게 있어 필수 불가결한 선물 운송 체계에 대한 중대한 문제가 발생하게 되었다. 모든 이론적인 체계를 대략적으로나마 측정하기 위해서 저자는 맨 먼저 지구상에서 몇 명의 어린이가 니콜라우스에게 선물을 받아야 하는지를 계산했다. 그들은 '18세 이하' 라는 전제하에 20억 인구를 산출했는데 원칙상 그중에서도 니콜라우스나 산타클로스를 믿지 않는 무슬림, 힌두교, 유대교 그리고 불교를 믿는 어린이는 배제시켜야 했다. 따라서 작업 부하는 3억 7,800만 명이라는 숫자로 줄어든 어린이를 방문해야 하는데 이를 평균 한 가정당 3.5명의 어린이로 측정하면, 9,180만의 가정을 방문해야 하는 것이다. 다양한 시간대와 위치에서 이루어지는 선물 운송 및 분배를 위한 전체 예상 시간은 31시간으로 산출되었는데 여기서 산타클로스와 니콜라우스는 서쪽에서 동쪽으로 움직일 수 있다고 가정한다. 이러한 전제를 바탕으로 과학자들이 계산해 보니 크리스마스의 배달 전령은 1초당 822.6곳의 집을 들러야 하다는 결과가 산출되었다. 이를 통해 산타클로스는 모든 그리스도교의 한 가정당 약 1,000만분의 1초만 머무를 수 있다는 것이 유추되었다. 그런데 이러한 연구 결과에도 불구하고 지구상의 거의 모든 방송에서는 산타클로스가 이 짧은 시간 안에 썰매에서 내려 굴뚝을 통해서 집 안으로 들어간 다음, 선물을 나누어 주고 집을 다시 나가서 썰매에 올라 다시 가속 페달을 밟는다고 알려 주는 것이다. 그 밖에도 집에서부터 다른 집까지의 주행 시간을 추가적으로 고려해야 한다. 만약 집과 집사이의 평균 거리를 1.5킬로미터라고 가정하면, 31시간 안에 이행되어야 할 주행 구간은 1억 2,000만 킬로미터가 된다. 이 주행 거리를 가기 위해서는 1초당 1.046킬로미터의 속도로 가야 하는데 이것은 약 3,000배속의 음향 속도에 해당하는 수치이다. 또한 썰매의 무게 역시 진지하게 생각해 보아야 할 점인데, 모든 아이들이 단 한 개의 선물을 받는다는 전제하에 레고 블록 한 상자의 평균값을 약 900그램으로 측정했을 때, 총적재량은 무려 34,000톤에 이른다. 물론, 이 값은 썰매 자체의 무게와 뚱뚱한 산타클로스의 몸무게가 전혀 고려되지 않은 것이다. 1초당 1,000킬로미터가 넘는 속도로 움직이는 총무게의 움직임은 강력한 공기저항을 발생시킨다. 그로 인해서 순록 무리와 더불어 썰매와 산타클로스는 우주선이 지구 대기권에 진입할 때와 마찬가지로 뜨겁게 달아오르게 되는데, 이렇게 되면 첫 번째 한 쌍의 순록이 약 100만의 5제곱 줄Joule의 에너지를 흡수하게 되어 일순간 폭발하게 되고, 나머지 순록들도 같은 운명을 맞이하게 된다. 이렇게 모든 순록 무리가 완전히 사라지는 데 걸린 시간은 겨우 0.00426초에 해당된다. 동시에 산타클로스 또한 보통 중력의 힘보다 약 17,500배 강한 엄청난 원심력의 위협을 받게 되는데, 이때 135킬로그램의 산타클로스에게 가해지는 무게는 무려 1,957,290킬로그램에 달한다. 그런데 이러한 면밀한 자료 분석은 핀란드의 물리학자들에게 불쾌한 느낌을 받게 하였는데 그들은 "언젠가 당신들이 산출해 낸 방식으로 선물을 나누어주었던 그 산타클로스 또는 그 니콜라우스는 지금 존재하지 않는다!"라고 말했기 때문이다.

그러나 전 세계의 수많은 유명한 니콜라우스 물리학자들은 이러한 반응을 별 이견 없이 감수해야만 했다. 그들이 낱낱이 밝힌 모든 문제점에 대해서 해명하는 항의가 빗발치기 시작했는데 논문의 서론에 언급된 첫 번째 견해부터 심한 공격을 받기 시작했다. 주지하는 바와 같이, 지구상에 현존하는 동물 중 최소 약 300,000여 종이 아직까지 전혀 밝혀지지 않았다. 어째서 그 안에 하늘을 나는 순록이 포함되어 있으면 안 되는 것일까? 마찬가지로 산출된 시간적인 문제에 대해서도 그다지 어렵지 않았다. 만약 보통의 컴퓨터가 순간적으로 수천 자리의 산술 연산을 수행할 수 있다면, 잘 훈련된 산타클로스 또는 니콜라우스도 1,000만분의 1초 동안 아이들을 기쁘게 할 수 있다는 것이다.

그리고 그들은 니콜라우스와 산타클로스는 시간을 늘리거나 뒤로 돌릴 수 있기 때문에 그들에게는 전혀 문제가 되지 않는다고 항의했다. 아인슈타인의 상대성 이론처럼 만약 인간이 매우 빠르다면, 시간은 천천히 흐를 것이기 때문에 이론적인 작용에 따라 발생하는 엄청난 신체적인 자극은 어쩌면 극복할 수 있을지도 모른다는 것이다. 그리고 그들은 그 이유를 니콜라우스와 산타클로스처럼 썰매 및 순록들 또한 반물질로 만들어졌기 때문에 가능할 것이라고 주장했다.

산타클로스 또는 니콜라우스의 존재와 능력은 너무나 쉽게 증명될 수 있다. 만약 분석 실험을 위한 표본이 주어진다면 말이다. 지금까지 이러한 종족이 발견된 적이 없었기에, 오늘날 산타클로스들과 니콜라우스들을 잡기 위한 많은 방법들이 제시되어 있다.

1) 기하학적 방법: 이 방법을 위해서는 한 원통 모양의 새장을 숲 속의 공

터에 가져다 놓는다. 운이 좋다면, 산타클로스는 금방 새장 안에 걸려 들 것이다. 하지만 그렇지 않은 경우에는 당신이 새장 벽 안쪽으로 들어간다. 그러면 산타클로스가 이미 새장 안에 있을 것이다.

2) 투사 방법: 이 방법은 지구가 하나의 판구조라고 전제한 다음, 판 위로 직선상의 새장 그림을 영사시킨다. 만약 이 영사를 통해 새장 속에 한 점이 생기게 되면 그것은 새장 속의 산타클로스가 될 것이다.

3) 위상 기하학적인 방법: 이 방법은 산타클로스가 원환체(둥근 쇠고리 모양)라고 파악했을 경우에 성립한다. 그저 숲 속의 공터를 4차원 공간으로 변환시킨다. 그리고 산타클로스가 귀환하면서 3차원과 결합할 수 있도록 그 숲 속 공간을 잘 포개어 교차시켜 놓는다. 그러면 그를 문제없이 잡을 수 있을 것이다.

4) 추계학적인 방법: 이 방법을 위해서는 라플라스 자전거 한 대, 주사위 몇 개 그리고 가우스의 종형 곡선 하나가 필요하다. 라플라스 자전거를 타고 숲 안으로 들어간다. 그리고 주사위를 던진다. 이러한 행위들은 산타클로스의 호기심을 자극하여 당신에게 가까이 다가오도록 할 것이다. 그러면 당신은 가우스의 종의 마력으로 1의 가능성과 함께 그를 잡을 수 있을 것이다.

5) 뉴턴식의 방법: 새장과 산타클로스가 인력의 힘으로 인해 서로를 강하게 끌어당긴다. 따라서 당신은 그저 산타클로스와 새장과의 마찰을 지켜보기만 하면, 조만간 그가 새장 안으로 떨어질 것이다.

6) 슈뢰딩거 방법: 임의의 시간 안에서 산타클로스를 새장 안에서 발견

할 확률은 0보다 크다. 그러므로 그냥 앉아서 기다린다.

7) 아인슈타인식의 방법: 상대주의 이론에 따라 숲 속의 공간이 광속도로 높이 날면서 길이 축소되어 종이처럼 납작해진다. 그러면 그를 붙잡는 것은 훨씬 수월해진다.

8) 실험적인 방법: 산타클로스를 제외한 모든 것이 통과할 수 있는 반투명의 막을 이용해 숲을 체로 거른다. 미래에는 이러한 포획 기술 중 하나가 성공해서 산타클로스에 물릴 정도가 되는 날이 올지도 모른다. 그렇게 되면 그의 존재에 대해서 의심했던 자는 결국 모든 것을 인정하게 될 것이다. 물론 이것은 니콜라우스에게도 해당되는 일이다. 어쩌면 그 둘은 분리 상태인 하나의 합성체일지도 모른다. 만약 그렇다면 이 이야기는 더욱 복잡한 생물학적인 문제가 되어 버릴 것이며, 니콜라우스 물리학자들은 이 문제를 해결하기 위해 더 이상 머리 아파하지 않아도 될 것이다.

그럴듯한 이름

가짜 수학자와 진짜 수학자

이탈리아 출신으로 추측되는 한 수학자의 이름은 알레산드로 비노미Alessandro Binomi이다. 그는 수학계의 중요한 토대를 만든 창시자로서 이항식 계수, 이항분포, 이항 공식 그리고 또한 이항식의 정리를 만들었다. 이처럼 대단한 업적을 쌓은 그였지만(정말 신기하게도, 그 출생 및 사망 날짜가 아이작 뉴턴Isaac Newton과 흡사하다) 정작 수학자 비노미에 대해서는 아직까지 크게 알려진 바가 없다. 아니 어쩌면 그는 지금까지 알려지지 않은 누군가의 판타지 세계에서 기인할지도 모른다. 하지만 누군가는 '이항식Binom' 이 수학의 매우 중요한 분야이기 때문에 이항식의 창시자가 필요하고 게다가 만약 창시자의 이름이 이항식과 연결된다면 더할 나위 없이 좋다고 여겼을 것이다. '이항식' 은 2개의 항을 가지는 수학식으로서 a+b 또는 a-b의 형식으로 표현할 수 있다. 그런데 이 명칭은 이 의심스러운 이탈리아 수학자의 이름으로부터 온 것이 아니라, 그리스어와 라틴어가 합쳐진 글자이다. '둘' 을 뜻하는 그리스어 '비b' 와 '이름' 이라는 뜻을 가진 라틴어 약자인 '노멘nomen' 이 합성된 것이다. 하지만 이항식의 명명에 대한 설명은 너무나 평범해서, 오늘날까지도 공인된 인증을 받지 못하고 있다. 그리고 아직까지도 그 수학자의 이름과 연관지어 설명하고 있으며 정확히 누가 이 명예로운 주인공일 것인지에 대해 의견이 분분하다고 한다. 거의 대부분의 사람들은 그 주인공으로 알레산드로 비노미를 꼽지만, 그의 형제인 프란시스코 비노미 Francesco Binomi가 이항식의 고안자라는 견해에 동의하는 이들도 있다. 그 밖에도 비놈Binom이 황제 출신일 것이라는 언급도 있다. 꽤 많은 출처에서 황제 비오미 1세가 언급되고 있으며 다른 곳에서도 비오미 2세나 3세가 거론되고 있다. 하지만 이 일에 대한 역사적인 증거는 명백하지 않다고 한다.

이런 경쟁을 하루빨리 끝내는 데 많은 비오미들이 각각 이항식의 원칙 중 한 부분을 담당해 덧붙여 썼다는 제안도 그럴듯하게 들린다. 그런데 이러한 제안을 탐탁해하지 않았던 사람이 있었는데, 일례로 1976년에 분석을 위한 수학계의 정석을 쓴 저자 오토 포스터 Otto Forster가 있다. 그는 이러한 타협점을 허락하지 않았고 자신의 수학 저서에 위와 같은 상황을 전혀 참작하지 않았으며 책 목록에도 단지 알렉산드로 비오미의 이름만을 올려놓았다. 그와는 반대로 수학 교과서를 전문적으로 다루는 비오미 출판사는Biomi-Verlag 융통성을 나타내어 회사 이름을 정할 때, 이름 또는 칭호를 제시하지 않음으로 모든 비노미들이 공정한 대우를 받을 수 있도록 했다. 그런데 사실 비노미가 세계적으로 명성을 얻을 수 있었던 것은 1969년 스위스의 천문학자 파울 빌트Paul Wild 때문이었다. 그는 새로 발견한 소유성 2029의 이름을 '비오미' 라고 지었다. 이렇게 명명한 데에는 다음과 같은 배경이 있었기 때문인데 빌트의 제자들 중 한 학생이 시험에서, 비오미라는 이름의 수학자가 동시대의 베르누아가(스위스의 명문 가문으로, 오랜 세월에 걸쳐 학자, 예술가 등을 많이 배출하였음—옮긴이) 출신으로 추측되며, 그가 이항 방정식을 창시했다고 떠벌리면서 시작되었다. 그 이후로 비오미의 이름은 수많은 곳에서 거론되었고, 사람들은 더 이상 수학에서 그를 빼놓고는 생각할 수 없게 되었다.

비노미만큼 유명하지는 않지만, 독일의 수학자인 율리우스 아이겐Julius Eigen은 고유값의 아버지로서 고유방정식과 마찬가지로, 고유함수 그리고 고유벡터를 정리했다. 또한 그는 자신의 이름이 지니는 뜻 때문에 소유권의 창시자로 불리기도 했다('Eigen' 은 소유물이란 뜻으로, 소유권을 'Eigentum' 이라고 한다—옮긴이). 그런데 문서에 적혀 있는 아이겐의 이름에 대해서는 아직까지도 의견 충돌이 있다. 대부분의 문서에 '율리우스' 라고 명시되어 있기는 하지만, 종종 '만프레드 Manfred' 라는 이름이 눈에 띄기 때문이다. 이 만프레드라는 사람은 노벨상 수상자인 만프레드 아이겐Manfred Eigen과 혼동되기 쉽지만, 그는 화학자로서 고유값 문제와는 전혀 상관이 없는 학자이다. 많은 나이에도 불구하고 만프레드 아이겐은 율리우스보다 더 많은 에너지를 가지고 있는 듯했다. 그 까닭은 2005년에 자신이 향년 88세로 사망했다는 허위 보도에도 불구하고, 2006년 훔볼트대학Himboldt-Universität 전산 정보학의 한 교육 행사에 참석했으며, 회의록 작성에도 함께 참여했기 때문이다. 그러나 그의 건강은 그다지 좋지 않았기 때문에 동창생 중 한 명은 율리우스가 참가자들의 종결 모임에 참석할 수 없다고 전했다. 그는 아마 급성 비존재라는 병에 시달리고 있었음이 분명하다.

어찌 되었든, 훔볼트대학의 수학 학부에서는 율리우스가 꽤 유명한 인사로 알려져 있었다. 그는 '알 게르브라이오스Al Gerbraios' 라는 오페라에서 절망적인 학생 역할을 맡아 연기를 하고 있는데, 주연이 수학의 신이라고 한다. 모두 3막으로 이루어진 이 오페라는 인터넷에서도 찾을 수 있으며, 율리우스가 탄식하는 장면으로 시작된다.

아, 어찌 나에게서 수면을 강탈했는가,

매트릭스 이후로구나!

시도는 하였는데 아무것도 얻지 못했네,

오직 고유치뿐이로구나.

독일의 수학자이자 물리학자인 야콥 슈트Jakob Schütt에 대해서는 문서 자료가 거의 남아 있지 않다. 다만 그가 분자 입자의 축적으로 이루어진 원뿔의 계산을 심층적으로 연구했다는 것으로만 알려져 있을 뿐이다. 결국 그는 이러한 원뿔 형태가 일정한 최대 기울기를 갖고 있으며, 그 값은 쌓아 올려진 물질에 따라 달라진다는 것을 증명해 냈다. 오늘날의 지하 공사 엔지니어들은 슈트가 발견한 이 포괄적인 원리에 대해 감사할 의무가 있는데, 그 까닭은 지하 공사가 바로 이 원리 덕분에 작업을 완성할 수 있기 때문이다. 이에 따라 이러한 물질 축적을 전문 용어로 '슈트케겔(Suchüttkegel, 안식각)'이라고 말한다.

앞에서 말한 것과는 반대로, 수학자 H. 페터드H. Pétard(프랑스어로 Pétard, 영어로 Petard, 독어로 Petarde는 폭죽 또는 소란을 의미한다—옮긴이)는 좀 더 사실적인 배경을 갖고 있다. 실제로 그는 보기에도 꽤나 복잡한 성격을 갖고 있다. 바꿔 말하자면 그의 이름 뒤에는 미국의 수학 교수인 랄프 P. 보스 주니어Ralph P. Boas jr.와 프랭크 스미티스Frank Smithies가 숨어 있다. 1938년에 그 둘은 H. Pétard라는 필명으로 전문 잡지인 〈월간 아메리칸 마테마티컬*American Mathematical Monthly*〉에 '맹수 사냥을 위한 수학적 이론의 공헌'이라는 제목의 흥미로운 논문을 공동으로 발표했다. 그 논문에는 사하라 사막에서 사자를 사냥할 때 도움이 되는 수학적이면서도 물리적인 여러 이론들이 실려 있었다. 특히 주목할만한 점은 '볼차노 바이어슈트라스 정리Bolzano-Weierstraß-Theorem' 라는 방법인데, 다음과 같이 설명할 수 있을 것이다.

"남북 방향으로 울타리를 놓아서, 사막을 반으로 가른다. 그러면 사자는 서쪽 지역 아니면 동쪽 지역에 있게 될 것이다. 우리는 사자가 서쪽에 있다고 가정한다. 그리고 다시 그 구역을 동서 방향으로 울타리를 놓아 반으로 가른다. 이번에도 사자는 북쪽 아니면 남쪽구역에 있게 될 것이다. 우리는 사자가 북쪽 구역에 있을 것이라고 가정한다. 이런 과정을 계속적으로 반복하면서, 각 단계마다 매우 튼튼한 울타리를 짓는다. 그때마다 선택된 구역의 직경은 0에 가까워진다. 그렇게 되면 결국 사자는 임의의 작은 크기의 울타리 안에 갇히게 된다." 페터드가 집필한 이 논문은 오늘날에 하나의 고전으로 평가받고 있다. 수년이 흐른 후, 사자 사냥에 관한 수학적 · 물리학적 이론의 응용이라는 이름 아래 몇몇 새로운 논문이 발표되었다. 니콜라우스 물리학자들은 이에 커다란 자극을 받아 산타클로스를 잡기 위한 몇 개의 방법을 생각해 낼 수 있었다. 그들의 서술은 사하라의 사냥 방법과 같은 이론적 토대를 두고 있다.

사기 혹은 패러디?

보그다노프 형제가 발표한 논문의 진실

그리슈카 보그다노프Grichka Bogdanov와 그의 쌍둥이 형제 이고르Igor는 잘난 척을 해도 될 만큼 놀라운 재능을 가진 자들로서, 프랑스의 방송을 통해서 높은 유명세를 타게 되었다. 그들은 1949년 가스코뉴 지방, 상 라리에 있는 한 성에서 태어났다. 그들의 부모는 부유한 러시아와 오스트리아 귀족 출신으로 프랑스로 피난 온 사람이었다. 그 쌍둥이 형제는 신동이었던 걸로 여겨진다. 그들이 한 진술에 따르면, 둘 다 어렸을 적에 이미 매우 높은 지능지수를 판정받았다고 한다. 형제는 놀라울 정도의 지적 성숙함 때문에 교육 과정을 일찍이 마쳤고, 개인 수업을 받았으며 6개의 언어를 구사한다고 한다. 이처럼 자의식이 강한 쌍둥이 형제는 그들의 평범하지 않은 성장 과정을 다음과 같이 묘사했다. "우리는 3살 때 피아노를 칠 수 있었고, 14살 때에는 고등학교 졸업 시험에 합격했죠. 그리고 16살 때는 비행기 조종사 자격증을 땄어요." 그러나 이어지는 교육 과정에 대해서는 잠시 말을 흐렸기 때문에, 30세가 될 때까지 무엇을 했는지는 알 수 없었다. 어쨌든 그들은 잠시나마 수학을 전공한 것으로 보인다. 그런데 1979년 프랑스 방송에 두 형제가 느닷없이 나타나서는 일반과학 방송 프로그램을 성공적으로 이끌자 사람들은 놀라지 않을 수 없었다. 또한 그와 동시에 그들은 파리 오뜨 에뛰드Ecole de Haute Etude in Paris학교에서 다양한 학문 분야에서 청강을 했고 책을 집필하기 시작했다. 그중 하나가 바로 다소 오만해 보이는 『신과 학문』이라는 제목의 책으로, 1991년에 출판되어 프랑스에서 베스트셀러가 되었다. 그 배경에는 가톨릭 철학의 유명한 대변인인 장 귀통Jean Guitton이 공동 저자로 참여했다는 점이 실제적인 원인으로 작용했을 것이다.

그러나 이러한 큰 성공의 기쁨이 이 쌍둥이 형제에게는 그리 오래 허락되지는 않았다. 얼마 지나지 않아 천문학자 트린 주안 튀언Trinh Xuan Thuan이 그들을 고소했기 때문이다. 튀언은 1988년에 『비밀의 선율: 그리고 인간이 우주를 창조하다』라는 제목의 책을 발표했다. 그런데 튀언은 자신의 책 속의 거의 모든 문구가 보그다노프 형제의 베스트셀러에 나와 있는 것을 발견하고는 크게 놀랐으며, 표절 내지 도용으로 이 쌍둥이 형제를 고발한 것이다. 하지만 이러한 대응에도 불구하고 쌍둥이 형제는 주눅이 들기는커녕 맞고소를 하면서 퉈언이 출판하기 전에 자신들의 작업을 베껴 썼다고 주장했다. 이러한 법적인 공방은 1995년까지 이어졌고, 결국에는 재판 외의 조정으로 끝을 맺었다. 두 당사자는 서로에게 소송 절차에 따른 비용을 지불했고, 명예훼손에 대한 보상은 포기해야만 했다. 이러한 분쟁이 진행되는 동안에 보그다노프 형제는 그들이 학위가 없다는 이유로 학자로서의 품위가 떨어진다는 사실을 뼈저리게 느끼게 되었다. 그래서 그들은 보르도대학교에서 수학적 물리학 수업을 받고 전문가 집단에서 평판이 좋은 모쉐 플라토Moshe Flato 교수에게 연락을 취했다. 그리고 쌍둥이 형제는 그의 밑에서 2년 동안 박사 과정을 밟고 있었는데, 형제가 자신들의 박사 학위 논문을 거의 마쳤을 때쯤, 그들의 지도 교수가 1998년에 교통사고로 숨지게 되었다. 그로 인해 플라토의 오랜 동료인 다니엘 슈테른하이머Daniel Sternheimer가 그들의 박사 학위 절차를 넘겨받게 되었다. 슈테른하이머의 표현을 빌리자면, 그렇게 받게 된 과정이 마치 '유언 집행인' 같은 형식이었다고 한다. 짐작컨대 그는 곧 이 수락을 후회했을 것이다. 왜냐하면 얼마 지나지 않아 그의 박사 과정을 밟은 그 학생들이 꽤 까다롭다는 것을 알아챘기 때문이다. 슈테른하이머는 다음과 같이 진술했다. "보그다노프 형제들은 정말 뛰어나죠. 비록, 학문에서는 아니지만요." 슈테른하이머는 그들의 일하는 방식을 고려했을 때, "그들의 막연한 주장과 매우 인상적인 사고력은 스스로 다리에 총을 쏘는 격이며, 그들은 벼랑 끝에 매달려 있는 것과 같다"고 표현했다. 학문 연구를 이 형제들과 함께 하려고 시도한 것은 슈테른하이머에게 히긴스 교수를 생각나게 만들었다. 알려진 바와 같이, 히긴스 교수는 영화 '마이 페어 레이디'(언어학자인 히긴스 교수가 친구와의 내기로 하급 계층인 엘리자를 데려와 우아한 귀부인으로 만들기 위해 교육시킨다는 내용의 영화—옮긴이)에서 엘리자에게 옥스퍼드식 영어를 가르치려고 애를 썼던 인물이다. 이런 모든 어려움에도 불구하고 그리슈카 보그다노프의 박사 학위 절차는 1999년에 어느 정도 좋은 결론으로 이끌어졌다. 물론 그는 그나마 바람직한 학위 수여 차원에서 줄 수 있었던 최악의 점수로 박사 학위를 수여받았다. 하지만 이고르는 운이 조금 없었던 모양이다. 박사 학위 논문이 거절당한 동시에, 그는 논문을 다시 손볼 것을 요청받았기 때문이다. 게다가 이고르는 전문가적인 감정을 평가받기 위해, 적어도 3개의 논문을 잡지에 기고해야만 했다. 마침내 이고르는 과제를 모두 해결하였고, 2002년에 박사 학위를 받을 수 있었다. 물론 그의 점수는 그의 형제와 마찬가지로 좋은 편이 아니었다. 아마 모든 관계자들은 이러한 불명예스러운 박사 학위 절차가 종결되었다는 것 자체로 조금이나마 부담을 덜었을 것이다. 그리고 그들은 이 모든 일들이 기억 속에서 빨리 사라지길 바랐다. 하지만 일은 그리 간단히 끝나지 않았다. 독일의 물리학자 막스 니더마이어Max Niedermeier가 관계자들에게 메일로 문의를 한 것이다. 그는 메일에서 혹 그들이 보그다노프 형제들의 논문을 아는지, 그리고 자신은 그 논문의 대부분이 그럴듯한 단어 껍데기들로만 이루어진 것 같다고 생각하는데 이에 대해 그들이 동의하는지 물어보았다. 이것을 시작으로 팽팽한 토론이 전개되었고, 결국 미국의 물리학자 존 바에즈John Baez가 인터넷에 관련 기사를 보도하기까지에 이르렀다. 그 기사의 제목은 "물리학이 소컬Sokal을 뒤집은 익살에 충격을 받았다?"였다. 물리학자 앨런 소컬Alan Sokal은 요컨대 이미 몇 해 전 사이비 학문 기사와 함께 사회과학을 맹렬히 비웃은 이로 유명하다.

바에즈는 수학적 물리학 분야에서 인정받은 전문가로서, 보그다노프 형제의 논문을 자신의 논평에서 다음과 같이 평가했다. "부분적으로는 조금이나마 개념이 있는 것처럼 보이기도 했지만, 자세히 읽으면 읽을수록 논문은 더 개념이 없이 느껴졌다. 그리고 어느 순간, 나는 실소를 하거나 머리에 통증을 느껴야만 했다. 학술어를 확실히 알지 못하는 사람들이 이것을 읽으면, 무엇이 잘못되었는지 잘 모를 수도 있다. 하지만 나는 이 두 형제가 논문에는 모든 관념적인 단어들을 사용했지만 실제로는 아무것도 연구하지 않았다는 것을 알고 있다. 그저 설득력 있게 들리는 문장들을 앞뒤로 열거했을 뿐, 그 문장들은 어떠한 개념도 갖고 있지 않다." 특히 바에즈는 그 형제가 자신들의 웅얼거리는 물리학적 단어들을 진지하게 받아들였다는 사실에 대해 믿기 어려워했다. 이에 그는 두 형제가 완전히 의도를 알 수 없게 되어 버린 물리학 이론을 그들의 논문과 더불어 비웃고자 했을지도 모른다고 추측했다. 캠브리지 대학에서 수학적 물리학을 가르치고 그 영역에서 세계적인 최고 권위자로 인정받는 존 바로우John Barrow는 다음과 같이 진술했다. "보그다노프 형제가 그에게 감정가로서 그들의 박사 학위 논문을 봐 줄 것을 부탁하기 위해 연락해 왔지만, 논문을 읽고 난 후 거절했다고 전했다. 그 까닭은 존 바로우가 그 휘갈겨 쓴 논문이 분명 장난일 것이라고 생각했기 때문이었다. 그래서 그는 이 두 형제에 대해서 '그들은 신비주의에 감염된 사람들이예요' 라고 말했다."

보그다노프에 의해 집필된 이 논문을 발표한, 저명한 잡지사의 편집자들에게는 이 모든 사건들이 견딜 수 없을 정도로 창피하게 여겨졌다. 왜냐하면 명백하게 감정인을 잘못 다루었기 때문이었다. 포츠담에 있는 중력 연구를 위한 막스플랑크연구소의 헤르만 니콜라이는 보그다노프 형제가 쓴 〈클래식과 양자 중력*Classical and Quantum Gravity*〉의 공동 편집자였다. 그는 비난받아 마땅할 간행물에 대해서 다음과 같이 언급했다. "만약 그 논문이 내 책상 위에 올려져 있었더라면, 아마도 즉시 그것을 돌려보냈을 것입니다. 그 논문은 일관성이라고는 전혀 찾아볼 수 없고 오로지 현대 물리학의 전문 용어로만 가득 차 있는 털실 뭉치와 같습니다." 어떻게 감정가가 형제의 논문을 받아들일 수 있었는지를 물었을 때, 니콜라이는 간결하게 대답했다. "그냥 어떻게 통과되어서 일이 진행되어 버렸네요."

한편, 보그다노프 형제의 지도 교수로서 직무를 수행한 다니엘 슈테른하이머도 벼랑 끝으로 내몰렸다. 그는 다음과 같이 시인했다.

"보그다노프 형제는 많은 아이디어를 갖고 있었어요. 마치 커다란 어린이와 같았습니다. 그렇지만 학문적으로 그들은 아마추어였습니다. 그들의 연구는 결코 박사 학위감이 아니었습니다." 이러한 증언에도 불구하고 형제는 합법적으로 문제없는 박사 칭호를 갖고 있다. 하지만 그것과 관련해서는 비학문적인 이유가 있었는데 그것은 슈테른하이머의 말처럼 '그들이 청소년들을 과학에 열광하게 만드는 재능이 있었기 때문' 이다.

보그다노프의 연구들이 최종적으로 어떻게 평가되었는지에 대해서는 오늘날까지도 다 밝혀지지 않았다. '혹 그들이 일반적으로는 학문 경영에 관한 풍자를 하기 위해, 그리고 특별하게는 극도로 이론적인 물리학에 대해 효과적인 풍자를 보여 주고자 하는 것은 아니었을까? 아니면 박사 학위를 취득하기 위해 벌인 형제의 의도적인 사기극이었을까? 그것도 아니라면 보그다노프 형제가 난잡하기 그지없는 그 물리학 용어들이 정말 훌륭한 학문이라고 생각한 것일까?' 하지만 무엇보다도 그 두 형제의 극단적으로 치솟은 자의식 때문이었을 것이라는 가능성이 가장 그럴 듯하게 보인다. 물론 지금까지도 그들은 비루한 방법을 서슴지 않고 이빨과 발톱을 드러내며 자신들의 논문을 옹호하고 있다. 그들은 인터넷상에서 벌어지는 토론에서 그들 자신의 이름뿐만 아니라 다른 필명까지 이용해서 대응하고 있다. 더구나 그들은 다른 학자들이 그들의 연구를 지지하는 것처럼, 외관상 그럴 듯해 보이는 다른 물리학자와 수학자의 이름을 부분적으로 인용한다.

보그다노프 형제는 몇몇 추종자와 함께 인터넷 백과사전인 '위키피디아' 프랑스 버전에 적절한 논평을 실음으로 조작을 시도했다. 이 비슷한 방법이 또다시 영어 버전 사이트에도 시도되자, 위키피디아의 최고 결정 심의 기관은 보그다노프 형제와 그의 팬 단체에게 사이트 이용을 제한했다. 하지만 아직도 조작 가능성이 있는 것으로 보이는 것들이 몇 가지 존재한다. 예를 들어 몇몇 학자들은 홍콩 대학에 있는 '국제 수학적 물리학 연구소'의 양 교수로부터 보그다노프의 연구가 학문적으로 매우 가치가 있다는 이메일을 받게 되었는데 조사결과 홍콩에는 그러한 연구소도, 양 교수도 존재하지 않았다. 그리고 또 다시 얼마 후에는 자칭 보그다노프의 연구를 심층 분석한다는 '리만 우주론 수학 센터'가 갑자기 리투아니아에 나타나기도 했다.

하지만 이처럼 말도 안 되는 사건들에도 불구하고, 보그다노프 형제는 프랑스에서 거리낌 없이, 자신들의 쇼 프로그램의 사회를 맡아 계속 진행해 왔고 『빅뱅 전 시대』라는 책을 새로이 집필하기도 했다. 그 책에는 온갖 오류들이 득실거렸지만, 꽤 잘 팔렸다. 그러는 사이 프랑스에서도 반대 세력이 서서히 움직이기 시작했는데, 어느 한 과학 잡지에는 '보그다노프의 기만'이란 제목으로 제대로 평가된 논평이 발표되기도 했다. 쌍둥이 형제는 그 기사의 구렁텅이에 빠져 헤어 나올 수 없게 되자 잡지사를 명예훼손죄로 고발하기에 이르렀다. 하지만 2006년 9월 법원은 잡지사의 손을 들어 주었고, 잡지를 출판했던 천문학 연합회에 2500유로를 지불하라고 판결을 내렸다. 그 외에도 보그다노프 형제는 소송 절차에 따르는 비용도 부담해야만 했다. 하지만 그 정도의 벌금은 그들이 판매한 책에 비교하면 껌값에 지나지 않았을 것이다. 우리는 아마 내년에도 보그다노프 형제가 만들어 내는 상당한 수준의 재밋거리들을 읽고 들을 수 있으리라 예상된다.

위험한 화학물질

디하이드로젠모노옥사이드와 에탄올의 정체

디하이드로젠모노옥사이드(Dihydrogenmonoxid 이하 'DHMO')에 대한 첫 번째 문서 형식의 경고는 1989년에 시작되었다. 산타크루스에 있는 캘리포니아대학교에서 어떤 전단지가 뿌려졌는데, 그 전단지 위에는 논란의 소지가 될 수 있는 제목으로 '오염 경고!'라는 큰 글자와 함께 다음과 같은 문장이 적혀 있었다. "최근 상수도 시스템이 한 위험한 화학물질에 의해서 오염된 것으로 밝혀졌다. 이 화학물질은 무색, 무취에 맛을 알 수 없으며 물속에 완전히 용해된다… 이것의 주된 물질은 디하이드로젠모노옥사이드이며, 다음과 같은 특성을 갖고 있다.

· 공업용의 용해와 냉각 약품으로 사용된다.

· 여러 가지 동물 실험에 쓰인다.

· 살충제 유포에 쓰인다.

· 핵 시설 작업 운행에 없어서는 안 되는 물질이다.

· 부식과 녹을 촉진시킨다.

· 자연 지형의 침식 작용을 촉진시킨다.

· 증명된 실험에 따르면 그 물질을 흡입하는 것은 사망에 이를 수 있다.

· 이 물질의 일정한 혼합으로 심각한 화상을 입을 수 있다.

· 우주 왕복선 '챌린저호'의 파괴 요인 중 하나가 될 수도 있다.

· 제 3세계의 나라에서 수천 명을 죽음에 이르게 한 직접적인 원인이다."

저자는 또한 명백하게 DHMO의 위험성에 직면해 있는데도 지금까지 이 오염물에 대해 그 어떠한 조치도 취해지지 않았다고 전했다. 게다가 관리 당국은 그 물질이 국가의 경제적 발전을 위한 중요한 요소이기 때문에, 생산과 배포 그리고 사용 금지를 거절했다는 터무니없는 사실을 주장했다. 그러한 발언은 다음과 같은 문구로 자구적인 행위를 위한 활동을 촉발시켰다. "이 계속되는 오염을 막기 위해서 일어섭시다!"

놀랍게도 이 전단지에 들어 있는 내용은 짧은 시간 안에 학교 내에서 크고 작은 소란을 일으키게 만들었다. 하지만 그 소식은 다시금 망각 속으로 잊히게 되었고 이처럼 계속되는 오염을 막기 위한 어떠한 실제적인 소요 활동도 발생하지 않고 있었다. 그러던 중 1994년 크레이그 잭슨Craig Jackson에 의해서 겨우 다시 표면화되었고, 'DHMO 금지를 위한 시민 단체'를 창설했다. 그러는 사이에 널리 분포된 이 화학물질의 위험한 성질에 대한 더 많은 정보가 밝혀졌다. 예를 들면, '수산화 산Hydroxyacid 상태의 DHMO는 산성비를 유발시키고 만약 어떠한 특별한 상태로 DHMO에 오랜 시간 노출되면 심각한 조직 손상을 가져온다고도 하였다. 게다가 암 환자들의 종양에서 DHMO를 발견했다고도 언급했는데, 이외에도 그 물질의 중독자들에게 DHMO의 결핍은 약 168시간 안에 사망에 이르게 한다고 전했다.

시민단체는 DHMO 금지의 합법화를 위해서 활동을 벌였지만 그것이 용이치 않게 되자, 미국 전체에 처음으로 국민 설문 조사가 진행되었다. 1997년 나탄 조너Nathan Zohner는 아이다호 폴스에서 50명의 학생에게 DHMO의 문제점에 대해서 그들의 의견을 물어보았다. 설문 참가자 중 43명은 이 화학물질의 엄격한 금지에 대해서 찬성하였다. 조너는 이 조사의 진행으로 상까지 받게 되었다. 같은 해에 톰 웨이Tom Way는 인터넷에 한 사이트를 개설했고, 새롭게 창설된 DHMO 연구 단체의 활동에 대해서 실시간으로 보도했다.

그로 인해 얼마 후, 유럽에도 DHMO의 위험성에 대한 정보가 알려지게 되었다. 1998년 3월 22일 오스트리아 린츠 도시에 있는 첨단 기술 전문학교의 학생들은 세계 물의 날 즈음에 선동적인 캠페인을 벌였다. 그리고 법적으로 효력이 있는 DHMO의 한계치를 요구하는 청원서를 위한 서명 운동을 벌였다. 총 361명이 기꺼이 설문 조사에 참여했으며, 그중 357명이 이 대책에 찬성했다. 그리고 독일 에어랑엔대학교의 조제학과 식품 화학 단체는 한 걸음 더 나아가 그들의 홈페이지에 다음과 같은 사항을 요구했다. "정신 나간 짓은 이제 그만! 디하이드로젠모노옥사이드를 금지하라!"

이러한 활동은 이 위험성 물질에 대한 구체적인 조처가 처음 이루어진 2004년까지 지속되었다. 그 전방 기수 역할은 캘리포니아 주에 있는 오렌지 컨트리의 조그만 도시인 엘리소 비에호Aliso Viejo가 넘겨받았다. 시의회는 시 주최 행사에서 스펀지 고무 포장의 사용 금지에 대해서 협의했는데, 이 물질을 제조할 때 DHMO가 사용되기 때문이었다. 시의회 법률 고문은 이 문제와 관련된 보도를 인터넷에서 보았고, 그 때문에 이번 조처가 꼭 필요하다고 확신했다. 하지만 이해할 수 없는 이유로, 그 의안 사항은 표결되기 바로 직전에 취소되고 말았다.

그러고 나서 2년 후, 이번엔 켄터키 주 루이빌Louisville에서 활동이 전개되었다. 시 관공서에서 해안과 해양 보호를 맡고 있는 관리인이 해안 공원 안의 분수대 앞에 다음과 같은 경고 메시지를 담은 표시판을 세운 것이다. "경고, 위험 - 이 물은 많은 양의 하이드로제늄을 포함하고 있습니다. - 가까이 하지 마시오!" 표시판은 실로 엄청난 성공을 거두었다. 그 전까지는 공원 이용자들에 의해 더러워졌던 분수가 갑자기 외면당하기 시작하면서 깨끗해지게 된 것이다. 그런데 그러는 사이, 루이빌에서는 하이드로제늄이 그저 수소를 지칭하는 라틴어식 표시였다는 소문이 퍼지기 시작했다. 즉 디하이드로젠모노옥사이드(DHMO)는 H_2O와 똑같은 것으로서, 모두가 알다시피 보통의 물을 뜻하는 화학 기호를 나타낸다는 것이다.

물론, 사람들은 다른 것들도 이른바 '위험한 화학물질'로 다루어서 수많은 환경 운동으로 모두를 불안하게 만든 다음, 한순간에 불안과 공포 속으로 밀어 넣을 수 있다. 사실은 그 모든 것이 거짓이라는 언급은 쏙 빼고 말이다. 어느 날 독자들은 이와 비슷한 '나쁜 소식'을 독일의 뷔르츠부르크Würtzburg와 그 주변의 지역 신문인 〈마인포스트*Main Post*〉에서 볼 수 있었다. 신문의 지방 소식 면에는 커다란 빨간 글씨로 다음과 같은 제목이 적혀 있었다. '맥주 속에 에탄올Ethanol-와인에도 적재' 계속되는 기사에서는 대학 부속 무기화학 연구소의 감독관인 막스 슈미트Max Schmidt 교수의 진술이 보도되었다. 슈미트 교수는 다양한 종류의 맥주를 여러 차례 실험한 결과 미량의 화학물질을 찾아냈고, 그 물질이 전문가들에 의해서 에탄올로 밝혀졌다고 전했다. 교수의 말에 의하면, 이 물질은 살균 및 세탁약품에도 쓰이며 높은 농도는 치명적으로 위험하다고 경고했다. 이어지는 기사에서는 약학사전을 인용하여 에탄올은 사람이 섭취하는 양에 따라서 진정과 최면 그리고 마취성의 효과까지도 있다고 전했다. 그 물질은 물처럼 맑은 액체로, 기체 상태로 쉽게 기화되며 인화성이 있다고 한다. 때문에 마이포스트 기사의 저자는, 많은 양의 에탄올을 함유한 음료수를 마시는 사람들은 높은 인화와 폭발의 위험에 처해질 수 있다고 경고했다.

그리고 기사에서는 집에 있는 맥주를 광장으로 가져갈 것을 추천했는데 '프랑크 지방의 문화와 주류 교우회'에서 광장에 '맥주 상담소'를 설치했기 때문이다. 이런 논란을 불러일으킨 기사를 쓴 헤르베르트 크리너Herbert Kriener는 이 기사가 만우절 장난이라는 뚜렷한 증거가 제시되었기 때문에 독자들이 즉시 알아챘을 것이라 생각했다고 했다. 그러나 뷔르츠부르크의 많은 사람들은 맥주를 검사받기 위해 광장으로 모여들었다.

그런데 이 사건은 맥주 검사만으로 끝나지 않았다. 마인포스트 신문사에 항의하는 전화벨이 하루 종일 울려댔고, 이 검사로 화가 난 음식점 주인들은 즉각적으로 반대 진술을 신문에 내보낼 것을 요구했다. 왜냐하면 그들의 단골들이 에탄올 오염 때문에 맥주 마시기를 꺼렸기 때문이다. 맥주를 즐기는 또 다른 사람들은 뷔르츠부르크 근처에 있는 맥주 공장에 전화해서 에탄올 문제에 대해서 문의했다. 그리고 다음과 같은 해명을 듣게 되었다. "우리 공장의 맥주가 에탄올에 오염되었다는 것은 정말 말도 안 되는 일입니다." 하지만 양조장은 좀 더 신중을 기하기 위해 바인슈테판 농업대학교에 시중에 판매하는 맥주 견본을 보냄으로 그 공장의 맥주가 무(無)에탄올이라는 사실을 공식적인 검사 자료를 통해서 증명할 수 있도록 하였다. 하지만 짐작컨대 그 양조장의 관리자는 검사 결과를 받았을 때, 상당한 충격을 받았을 것이다. 왜냐하면 확실한 정확성과 함께 그들의 맥주에서 약간의 에탄올이 검출되었기 때문이다. 바꿔 말하자면 에탄올은 단지 우리에게 조금은 낯선 국제적인 명칭으로서, 모든 맥주나 와인에 들어 있는 알코올이라는 것이다. 그리고 그것은 독일에서는 보통 에틸알코올 또는 에탄올로 명명된다.

독자들의 불안을 종식시키기 위해서, 마인포스트는 다음과 같은 제목의 주제로 두 번째 기사를 내보냈다. "맥주 속에는 알코올이 있다." 뷔르츠부르크 주민들이 다시금 맥주와 와인을 즐길 수 있도록, 기사는 좀 더 근본적인 관련 사항들에 대해서 해명했다. 물론 이 사건은 와인 소비량을 줄이는 데 절대적인 동기를 부여했다. 왜냐하면 그 당시 오스트리아산(産) 와인에서 글리콜의 첨가물이 발견된 적이 있었기 때문이다. 실제로 이 물질은 부동액의 성분으로 사용되었기 때문에 와인 속에 첨가되면 안 되는 물질이었다. 그리고 이탈리아산 와인 속에서는 메탄올까지 발견되었다. 메탄올은 알코올 성분으로도 여겨지긴 하지만, 매우 독성이 강한 성분이다. 이에 대한 책임이 있었던 편집자는 전적으로 자기비판을 하면서, 그가 계획한 만우절 장난이 미적 감각이 전혀 없었음을 시인하였다.

하지만 사과문에는 다음과 같은 내용도 있었다. "이탈리아에서 독성이 들어간 와인 사건이 일어난 후, 우리는 에탄올에 메탄올이 전혀 없다는 것을 알려 주기 위해서 또 하나의 구절을 이 이야기 속에 추가하게 된 것이다."

환상의 물질

티오티몰린 이야기

티오티몰린의 놀라운 특성은 1948년에 처음으로 어느 한 영어권 잡지에서 발표되었다. 발간물의 제목은 다음과 같았다. "열역학적 승화에 의한 티오티몰린의 엔도크로닉 특성The Endochronic Properties of Resubliminated Thiotimoline" 저자는 아이작 아시모프Isaac Asimov로서, 그는 당시에도 꽤 명성 있던 뉴욕 콜롬비아대학교에서 생화학 박사 학위 논문을 쓰고 있었다. 특히 그는 흔히 카테콜이라고 줄여서 명명되는 파이로카테콜에 대해서 집중적으로 연구했으며, 그에 따르는 실험을 하기 위해 그는 카테콜을 액체 성질로 용해시켜야만 했다. 이 젊은 학자는 용해의 제조를 위해서, 카테콜의 결정이 수면 위로 접촉되자마자 곧바로 용해되는 상황을 떠올렸다.

이런 높은 용해성에 대해서 계속 골몰하고 있던 아시모프는 '혹 더 빨리 용해되는 물질은 없을까' 하고 궁리하기 시작했다. 당시 그는 이 연구와 함께 꽤 오랫동안 사이언스 픽션 로맨스를 집필하고 있었는데, 그 때문이었는지 쉽게 받아들여질 수 없는 기가 막힌 아이디어 하나가 떠올랐다. 그것은 바로 물에 닿기도 전에 용해가 미리 시작하는 어떠한 물질이었다. 이러한 생각은 그를 괴롭혔고, 마침내 아시모프는 물에 접촉하기도 전에 1.12초 만에 용해되어 버리는 티오티몰린이라는 물질을 생각해 내었다. 게다가 그는 그 물질에 관해 잘 정리된 학술 논문까지 집필했는데 그 논문은 약간의 그림과 표 그리고 주목할 만한 문헌 목록까지 담고 있었다. 나중에 아시모프는 이런 논문을 만들어 낸 이유가 그 당시 두려움을 느꼈기 때문이라고 털어놓았다. 몇 년간 픽션 작가로서 활동하면서 그는 자신의 글 쓰는 방식이 바뀌게 되었는데, 바로 이것이 그가 더 이상 연구 과제를 정확하게 작성할 수 없는 상태로 만들어 놓았다고 한다. 그래서 그는 박사 학위 논문의 기초를 작성하기 전에, 그 특유의 서식 스타일을 다시 한 번 연습하고 싶었던 것이라고 해명했다.

이 '티오티몰린 이야기'는 아시모프가 학문적 은어를 완벽하면서도 현란하게 통달했음을 보여 주고 있다. 그는 이 비범한 물질의 원시 세포가 루포종의 칼스바덴시스과의 로사세아꽃의 관목의 피질로 이루어졌다고 설명했다. 최고조로 복잡하게 구성되어 있는 이 티오티몰린의 분자는 아시모프의 진술에 따르면, 적어도 14개의 수산기 그룹과 두 개의 아미노 그룹, 한 개의 진한 황산 그룹 그리고 아마도 한 개의 니트로 화합물도 함유하고 있는 것으로 밝혀졌다고 한다. 탄화수소 원자핵의 성질은 아직까지 알려지지 않고 있지만, 부분적으로는 냄새를 풍기는 탄화수소 화합물이라고 여겨진다. 특히 인상적인 것은 티오티몰린의 이상한 용해성에 대한 설명이다. 이 물질은 적어도 한 개의 탄소 원자를 가지고 있음이 분명하다고 한다. 이 원자와 함께 네 개의 화학 화합물 중 두 개는 현재의 시공간에 있는 반면에, 나머지 화합물 중 하나는 미래에 그리고 또 하나는 과거에 각각 연결되어 있다는 것이다.

아시모프는 티오티몰린 논문을 이미 1947년에 완성했지만, 그는 과연 이것이 출판될 수 있을지 의구심이 들었다. 그래서 그는 사전 시험으로 존 W. 캠벨John W. Campbell에게 논문을 보내게 되었다. 캠벨은 〈어스타운딩 사이언스 픽션*Astounding Science Fiction*〉이라는 잡지사의 편집인이었는데 이 잡지사는 아시모프가 이전에 여러 차례 논물들을 발표한 곳이기도 했다. 캠벨은 티오티몰린 이야기에 열광했고, 곧바로 출판하기로 결정했다. 그런데 아시모프는 캠벨에게 이 논문에 필명을 기재할 것을 원했다. 만약 그가 이 사이비 학문의 저자인 것이 알려지게 되면, 그가 생화학 박사 학위를 수여받는 것에 어떠한 불이익이 생길 수도 있다고 생각했기 때문이다. 그러던 중 1948년에 자신의 본명으로 논문이 출판된 것을 보게 되자 아시모프는 몹시 당혹해했다. 사실 아시모프도 애초부터 캠벨을 믿지 않았었다. 그런데 다행히도 콜롬비아대학교의 화학 학부에서는 그가 걱정한 것보다 심각한 반응을 보이지 않았고 오히려 그의 박사 학위 논문이 좋은 평가를 받았다. 당시 그의 구두 시험을 심사한 위원은 그 논문을 매우 만족스러워하며 시험의 막바지에 이르렀을 때 티오티몰린에 대한 질문을 던졌다고 한다. 아시모프는 '아이고 이런! 100번' 과 함께 1969년에 출판된 티오티몰린 논문은 엄청난 성공을 거두었다. 또한 그는 이 논문이 출판된 이후에 뉴욕의 공공 도서관에는 티오티몰린에 빠져든 청소년들이 우글거렸다고 진술했다. 그들은 티오티몰린에 대한 더 많은 정보를 알고 싶어서 논문의 문헌 목록에서 언급된 실제로 존재하지도 않는 서적들을 찾고 있었던 것이다. 1953년 아시모프는 이어서 '티오티몰린의 마이크로 정신, 의학적 응용' 이란 농담조의 제목으로 논문을 발표했다. 그 속에는 또다시 몇 개의 그래픽, 표 그리고 지어낸 출판물의 인용으로 이루어져 있었다. 인용된 논문 중 하나는 실제로 존재하기도 했는데, 그나마 그것은 아시모프가 1948년에 출판한 이전의 것이었다. 새로운 논문에서는 티오티몰린이 특정한 정신병을 양적으로 계산하여 분류할 수 있는 분야에 사용되었다. 그 밖에도 논문에서는 티오티몰린의 용해성이 물을 제공하는 사람에게 달려 있다고 밝혔다. 이런 현상을 아시모프는 '윌로시티Willosity' 라는 신조어로 표현했다. 용해 시험을 수행한 결과, 다중 인격체를 갖고 있는 일부 사람들에게서 나온 티오티몰린의 상당 부분이 다른 사람에 비해 더 빨리 용해되었다는 점이 밝혀졌다. 또한 그것과 함께 특별히 강한 반응을 일으켰던 환자들의 인격 유형에 따라 확실한 감화가 관찰되었다.

티오티몰리의 세 번째 논문은 1960년에 '티오티몰린과 우주 공간 시대'라는 제목으로 공개되었다. 아시모프는 서론에서 이번에 열두 번째로 연례 기념일을 맞이한다는 허구상의 '미국 크론화학 협회'에 공식적인 축하의 인사를 전하며 논문을 시작했다. 그러고 나서 그는 티오티몰린의 첫 번째 실험에 대해서 설명했고, 핵심적인 엔도크로노미터와 함께 용해 시간 측정에 대해서 언급했다. 또한 그것에 쓰인 도구가 유명한 '스미소니언 연구소Smithonian Institute'에서 고안된 것이라고 밝혔다. 이어서 아시모프는 크론 화학이 미국에서 회의적으로 받아들여졌다는 것에 대해 한탄했지만 소비에트 연방에서는 크론 화학이 과학영역에서 크게 장려되었다고 덧붙였다. 그와 동시에 가끔 러시아에서 '티오티몰린 경계'라고도 불리는 우랄 지역에 조성된 후르시초프스크khrushchevsk 연구 단지가 특별한 역할을 수행한다고 전했다. 그리고 아시모프는 스코틀랜드 출신의 두 연구자들이 합성된 엔도크로노미터의 일련으로 이루어진 '텔레크론 건전지'를 개발했을 것이라고 했다. 그는 그 건전지 개발이 최종적인 티오티몰린의 실험을 완성하기 위해서, 처음 실험을 실행하기 하루 전에 물을 첨가했기 때문에 가능했을 것이라고 추론했다. 그 밖에도 아시모프는 간접적인 증거이긴 하지만, 소비에트 연방은 이미 정교한 계획을 고안했으며, 상업상으로 응용하기까지 했다고 주장했다. 그의 견해에 따르면, 소비에트 연방이 텔레크론의 건전지를 사용한다는 것은 인공위성 발사가 성공적으로 이루어질 가능성이 크다는 것을 의미한다고 확신했다. 마지막으로 글을 마치면서, 아시모프는 티오티몰린을 용해 실험으로 연구한 '하이젠베르크 실패'의 요인이 나중에 물을 첨가하지 않고 용해하려고 했던 점에 있었다고 밝혔다. 그리고 한 가지 예를 들었는데, 뉴잉글랜드 주에서 이 실험을 하는 과정에서 큰 폭풍과 같은 현상이 종종 발생했다고 덧붙인 것이다. 그는 사람들이 이 사건 소식을 듣고, 더 이상 실험을 진행시켜서는 안 된다는 느낌을 갖게 하려고 했던 것이다.

네 번째이자 마지막인 티오티몰린 이야기는 1973년에 '티오티몰린, 별들 속으로'라는 제목으로 발표되었다. 이번 기사에는 버넌 제독 이야기가 수록되어 있었다. 이야기는 '우주 비행학 아카데미'에서 졸업반을 이끌었던 지휘자 버넌이 아지무스 또는 아심토트라는 이름을 가진 반가공적 학자가 1948년에 발견한 티오티몰린을 떠올리면서 시작한다. 버넌의 말에 의하면, 이야기 속의 이 물질에 대한 실제적인 연구는 21세기에서나 이루어질 수 있는 일이었다. 어쨌든 알미란테Almirante라는 연구가가 '하이퍼스터의 방해'라는 이론을 내세우게 되고, 후임 연구가들이 중합체 안의 엔도크로닉 분자의 변화시키는 방법을 완성하기에 이른다. 이로 인해 엔도크론 소재로 이루어진 우주선 같은 큰 구조물의 제조가 가능해지게 되었는데 버넌 제독의 언급에 따르면 엔도크롬성의 특징은, 물과 반응하는 어떤 물질에 물이 주어지지 않는다면 그 물질은 물을 찾아서 반응하기 위해 미래로 움직인다는 점에 있다. 강의를 마치면서 버넌은 자신이 직접 강연을 진행한 이 강당이 사실은 엔도크롬 우주선 안이라고 학생들에게 밝혔다. 그의 강의가 진행되는 동안에, 그들 모두가 태양계의 변두리로 향하고 있었던 것이다. 그런데도 그들은 그 어떤 가속도도 느낄 수 없었다. 그 이유는 시간 팽창의 지속과 관성이 사라졌기 때문이었다. 버넌은 졸업생들에게 동맹 국가인 네브래스카 주의 링컨 공항에 도착하여 주말을 보내게 될 것이라고 약속을 한다. 그러나 착륙을 한 후, 버넌 제독은 엄청난 충격을 받게 되는데, 조종사가 그에게 우주선이 인도인들에게 포위되었다고 보고했기 때문이다. 그 우주선은 링컨이 아니라 캘커타의 한 외곽 지역에 착륙했었던 것이다.

이와 같이 여러 부분으로 복잡하게 얽히고설킨 티오티몰린 이야기는 아시모프가 남긴 어마어마한 양의 문학 작품 중 한 티끌에 지나지 않는다. 그는 총 500권 이상의 책과 1,600개의 에세이를 집필했다. 그 책들이 모두 사이언스 픽션에 관한 것만은 아니었다. 예를 들어, 그는 눈에 띌만한 학문적 이력을 얻기 위해 한 화학 교육서적을 공동 집필했고 생화학 박사학위를 수여받은 후, 1949년에 보스턴대학교 의과 대학에서 강사로 재직했다. 그리고 2년 후에는 겸임 교수로서, 1955년에는 전임 교수로 강단에 섰다. 하지만 3년 후에 그는 대학 안에서의 모든 교육과 연구 활동을 접고, 프리랜스 작가로 전향하여 활동하다가 1992년 4월 6일 뉴욕에서 생을 마감한다. 그는 분명

팔색조의 전문 서적 작가이자, 유명한 사이언스 픽션 작가였다.

얼마의 시간이 흐르면서 이 티오티몰린이라는 물질은 독립하기에 이른다. 1989년에 발표된 로버트 실버베르크Robert Silberberg의 이야기에서 나온 티오티몰린은 플루토늄 186의 엄청난 양을 시간의 마지막 세계로 보내기 위해서 사용되지만 플루토늄은 무의 시간의 경계에 떨어지게 되고, 결국 '빅뱅' 시대가 전개된다는 내용을 다룬 것이다. 이러한 티오티몰린을 주요로 다룬 논문이 2001년과 2002년에 IEEE 〈디자인 앤 테스트 오브 컴퓨터*Desing and Test of Computers*〉라는 잡지에 발표되기까지 했다. 썬 마이크로시스템 회사의 스콧 데이비슨Scott Davidson은 논문에서 알려 주는 열역학적 승화성을 가지는 티오티몰린이 프로그램의 결함을 찾는 데도 효과적으로 이용될 수 있을 것이라고 언급했다. 특히 2004년에 '엔도크롬성 엔도크롬학 협회'가 창설되었는데, 아시모프가 살아 있을 때 이 소식을 접했더라면 상당히 기뻐했을 것이다. 이 집단은 아직은 미숙한 연구 영역인 엔도크롬성의 엔도크롬학 연구를 집중 보도하는 잡지도 창간했는데, 이 새로운 잡지의 첫 번째 보도는 열역학 승화적인 티오티몰린을 이용한 갑상선 기능 저하증 치료에서 성공적인 결과를 거두었다는 소식이었다. 앞으로도 이 놀라운 물질의 새로운 응용 가능성에 대한 지속적인 보도가 있기를 희망한다.

스파이를 위한 재료

붉은 수은의 존재 여부

순수하게 화학적인 측면으로만 보면, 수은 원소Hg는 분명히 존재한다. 하지만 이 원소는 은회색의 형태로만 존재하므로, 붉은 수은이 존재하는가에 대한 질문에 대해서는 사실 '없다'라고 명백하게 대답할 수 있다. 그럼에도 불구하고 붉은 수은에 대한 관념은 오래 전부터 매체를 통해 유령처럼 떠돌아다니고 있으며, '레드 머큐리 red mercury'라는 영어식 표현도 종종 볼 수 있다. 하지만 그 배후에 숨겨져 있는 것과 그것이 논란의 대상이 될 수 있었던 이유에 대해서는 현재까지 아무것도 밝혀지지 않았다.

하지만 이에 대한 가장 간단한 해답은 바로, '붉은 수은'이 수은 제조에 있어서 최후의 물질을 뜻하기 때문일지도 모른다는 것이다.

그로 인해 사람들의 이목이 적색황화수은 성분 때문에 보통 붉은 색으로 비춰지는 한 광석에 집중되었다. 또한 가끔 애매하게 붉은 수은이라 표현되는 붉은 수은 염(수은II-요오드화물)도 화두에 오르게 되었다.

그런데 〈핵 과학자 회보*Bulletin of Atomic Scientists*〉 1997년 판에서 '레드 머큐리' 에 대한 통상 시세가 1킬로그램 당 100,000에서 300,000달러로 측정되었다는 기록이 있는 반면에, 적색 황화수은 또는 붉은 수은 염은 전혀 거론되지 않았다.

1996년 〈뉴 사이언티스트*New Scientist*〉 지에는 다음과 같은 꽤 흥미로운 기사가 보도되었다. "15년 전 붉은 수은이 처음 국제 암거래 시장에 나타났을 때쯤, 초특급 비밀인 핵반응 물질이 러시아에서 왔기 때문이었는지 '레드' 로 명명되었다. 그리고 지난해 과거 공산주의였던 동유럽 국가에도 붉은 수은이 다시 나타났는데 그때도 알 수 없는 붉은 색을 갖고 있었다." 또 다른 기사에는 로스앨러모스Los Alamos에 위치한 국제 실험실에 있는 과학자들의 견해를 언급했는데, 그것은 3세계 국가의 야심찬 지도자가 손에 넣길 원하는 이 붉은 수은이 악당과 첩보 기관의 손에 들어간다면 수만 가지 사건들을 초래할 수 있다는 것이었다. 그들은 "급히 원자폭탄을 만들기 원하는가? 또는 소비에트 탄도 로켓의 조종 제어 장치를 위한 열쇠를 원하는가? 아니면, 혹시 비밀 폭격기의 안티레이더 안료를 위한 대안을 원하는가? 그렇다면 당신이 원하는 것은 바로 붉은 수은이다." 라고 언급하였다.

1993년 러시아 신문 〈프라우다(진리)*Prawada*〉의 기사에 실린 붉은 수은의 이야기는 큰 파장을 일으켰다. 기사는 자칭 초특급 비밀문서에 근거를 두고 있었는데, 그 문서는 붉은 수은을 다음과 같이 설명했다고 한다. "엄청난 전도성의 소재로서, 고도로 정밀한 재래식 폭약과 핵반응 폭약을 제조할 때와 비밀 위장 그리고 자동 조절식의 탄두에 사용된다. 그 첫 번째 소비자는 동맹 국가에 있어 중요한 우주 공간 산업체와 핵 산업체, 그리고 프랑스와 함께 핵 보유 국가 안에 들어오기 위해 안간힘을 쓰는 남아프리카, 이스라엘, 이란, 이라크 그리고 리비아와 같은 국가들이다." 그러고 나서 약 1년이 지난 후, 알 수 없는 이유로 비행기 하나가 보덴제Bodensee 도시에 추락했다. 이에 〈포커스*Focus*〉 잡지는 비행기 안의 승객 중 두 명이 중국 정부에 '레드 머큐리'를 팔기를 원했던 것으로 보인다고 보도했다. 그리고 기사에는 365킬로그램에 400만 달러 이상이라는 가격이 제시되었다.

붉은 수은의 존재 여부에 관한 중요한 증인은 아마 '중성자 폭탄의 아버지'라고 불리는 미국의 물리학자 사뮤엘 코엔Samuel Cohen일 것이다. 그는 90년대에 물 폭탄을 위한 점화 기계 장치로 사용될 수 있는 레드 머큐리가 초특급으로 강력한 폭탄 제조와 관계있다고 주장했다. 또한 그것으로 폭탄의 부피를 야구공처럼 줄일 수 있을 것이라고 언급했다. 그리고 얼마 후 그는 테러리스트들이 이러한 미니

폭탄을 100개 이상 소유하고 있다고 주장해 자국민을 놀라게 했다. 그는 거기에 더해 사담 후세인Saddam Hussein도 그중 약 50개를 갖고 있으며, 만약 미국이 이라크에 침입한다면 폭탄을 사용할지도 모른다고 덧붙였다. 하지만 그의 진술은 결국 새빨간 거짓말인 것으로 드러났고 그로 인해 코헨의 말은 이제 더 이상 미국에서 진지하게 받아들여지지 않게 되었다.

2000년도에는 독일이 밀수된 '레드 머큐리'를 압류하는 데 성공을 거두었다. 압류품은 라디오미터 방식 그리고 화학 분석에 의한 방법으로 철저하게 조사되었다. 하지만 조사 결과 그것은 단지 순수한 수은일 뿐이며, 단순히 신비로운 포장지에 둘러싸여 있었던 것으로 밝혀졌다. 그런 후 2004년 9월에 몇 명의 남자들이 체포되었는데, 그 까닭은 그들이 1킬로그램의 붉은 수은을 300,000파운드에 팔려고 했었기 때문이다. 이 사건은 2006년이 되서야 심판대 위에 오르게 되었고, 고소 내용은 한 테러 조직의 후원과 테러 계획을 위한 위험 물질의 쟁탈에 관한 것이었다. 하지만 공판 심리 과정에서 이 모든 사건은 〈뉴스 오브 더 월드*News of the World*〉지의 한 신문기자에 의해 거짓으로 꾸며진 것이며 붉은 수은은 전혀 존재하지 않는 것으로 밝혀졌다. 그럼에도 불구하고 황실의 검사는 그들의 고소를 그대로 유지하며, 다음과 같은 주장을 내세웠다. "황실의 입장에서 붉은 수은이 존재하는지 또는 존재하지 않는지는 중요하지 않다. 분명 이 물질의 소유주가 그것을 수십만 파운드에 교환하려고 했을 뿐만 아니라, 매우 위험한 … 물질로서, 이 물질이 테러리스트 활동에 쓰인다는 것을 모두가 알고 있다." 하지만 판사는 이러한 논증을 수용하지 않았고, 2006년 7월에 그 남자들에게 무죄 판결을 내렸다. 변호인은 이에 매우 기뻐하며 다음과 같이 말했다. "이것은 배심원 체계와 영국의 사법 기관의 커다란 영광입니다. 그리고 〈뉴스 오브 더 월드〉에게는 재수 없는 날이겠지요."

2004년 스페인에서도 붉은 수은이 큰 이목을 끌게 된 사건이 일어났다. 언론 매체의 보고에 따르면 이슬람 테러 조직의 일원일 것으로 추측되는 한 사람이 이른바 '방사성 물질의 폭탄'을 제조하기 위해서, 한 체코인과 이 불길한 물질을 매매하기 위한 교섭을 했었다는 것이다.

어쨌든 '레드 머큐리'처럼 이토록 신비한 물질이 작가들에게나 감독들에게 그리고 컴퓨터 중독자들에게 자극적인 소재가 된다는 것은 전혀 놀랄 만한 일이 아니다. 맥스 바클레이Max Barclay는 1996년 '레드 머큐리'라는 제목으로 한 소설을 집필했다. 이 소설은 주인공들이 애틀랜타에서 올림픽 경기가 개최되는 동안에 일어난 테러 계획을 저지한다는 내용을 담고 있다. 그런데 '맥스 바클레이'라는 이 저자의 이름 배후에는 미국의 유명한 저널리스트인 벤 셔우드Ben Sherwood가 있었다. 책에는 핵 기술을 포함하여 군사 장비 체계 그리고 올림픽 경기에 관한 내용이 상세 항목까지 매우 꼼꼼하게 표현되어 있었다. 물론 책에는 서로 사랑하는 두 남녀도 등장한다. "올림픽 경기 동안 안티 테러 작전을 펼치는 FBI 특별 기동대의 지휘관인 카일리 프레스톤과 핵무기 개발자인 마크 맥폴은 직업상 서로 반대되는 목적을 추구함에도 불구하고 이성적으로 감정을 느끼게 된다. 그리고 결국 그 둘은 함께 전설의 붉은 수은을 찾으려 애를 쓴다."

2004년에 출판된 사이언스 픽션 & 판타지 장르인 자신의 책에 마크 파비Mark Fabi도 벤 서우드의 책과 같은 제목을 붙였다. 그리고 2006년에는 레기 나델슨Reggie Nadelson이 집필한 『레드 머큐리 블루스』라는 책이 새롭게 진열대에 올려졌다. 이 책에 등장하는 애티코헬은 약간 애수적인 느낌이 나는 뉴욕 경찰로 나오는데 그는 '레드 머큐리' 밀수와 관련된 사건을 맡게 된다. 그는 러시아 혈통이었기에, 지하 세계에 숨어 있던 러시아 핵 마피아 속으로 몰래 잠입하는데 성공하고, 끝내 그는 이 모든 것을 와해시킨다.

몇몇 음악가들에게는 이 책이 상당히 마음에 든 듯하다. 그 때문인지 그들은 자신들을 '레드 머큐리 블루스 밴드' 라고 명명했다. 비슷한 시기에 아타리Atari라는 회사는 '세도우 옵스 레드 머큐리' 라는 이름으로 한 컴퓨터 게임을 시장에 내놓았다. 그리고 '좀비' 라는 이름의 저자도 '레드 머큐리' 라는 계획과 함께 엘리트 군인 집단이 테러리스트들을 추격하는 게임을 만들었다. 또한 비디오 게임인 '워호크Warhawk' 와 '스플린터 셀Splinter Cell: 더블 에이전트' 에서도 붉은 수은은 상당히 중요한 역할을 하였다.

2005년에는 '레드 머큐리' 라는 제목의 영화까지 개봉했다. 이 영화는 폭탄을 제조하려는 세 명의 테러 조직이 런던에서 벌이는 이야기를 담고 있다. 하지만 무슬림 테러리스트들의 자취가 발각되어 버리자 그들은 레스토랑에서 인질을 잡아 위협하기 시작한다. 경찰들은 그들이 '레드 머큐리' 를 이용한 핵반응 폭탄을 사용할지도 모른다는 사실에 두려움에 떤다. 하지만 결국 이 모든 이야기는 자연스럽게 좋은 방향으로 흘러가고, 악당으로 비춰 졌던 테러조직은 사실은, 파리 한 마리도 죽이지 못하면서 잘못된 길로 빠져 든 불쌍한 청소년으로 비춰지게 된다. 아마 내년에도 '레드 머큐리' 를 소재로 한 상당한 양의 판타지들이 공개될 것으로 기대된다. 물론 그것을 통해서 붉은 수은이 의미하는 바가 밝혀지게 될지는 의심해 볼 문제이다.

한편, 수은이 1원자 동위원소의 형태로 나타나게 되면서 얼마의 소란이 일어나기 시작했다. 2005년 인터넷상으로 올라온 한 영문 기사는 '국내용' 이라는 추신을 제외하고는 출처가 명확하지 않았지만 티메로살(혈청 살균소독제)이 백신을 위한 방부제로서 가장 적합하다고 전달했다. 또한 그는 사람들에게 이 물질을 극히 소량으로 사용하면 건강에 아무런 해가 없음을 지적하였지만, 높은 수은 수치 때문에 예방 접종자들에게 나쁜 이미지로 비춰진다고 전했다. 그래서 기사에는 이처럼 기피하려는 접종자들의 경향을 저지하기 위해 쓰인 방법들이 수록되어 있었다. 기사에는 사람들이 어떻게 1원자 동위소의 수은을 이용해서 일반적인 입증 절차에서 티메로살 첨가물을 속일 수 있는지에 대해서 설명했다. 화학과 관련된 지식이 있는 사람이라면 이러한 저자의 기사가 허위로 작성되었다는 것과 그 설명이 실제로는 불가능한 것이라고 인식할 것이다. 그럼에도 불구하고, 파울 에어리히Paul-Ehrlich 연구소는 맨 처음으로 이 기사를 진지하게 받아들였다. 특히 예방 접종자 집단에서 이 보도를 환영하였고 그들은 이 기사를 통제 불가능할 정도로 퍼뜨리기 시작했다. 이에 당황한 저자가 단체에 직접 그 기사가 사실은 풍자였다고 해명했지만, 사람들은 이를 묵살하고 예방 접종의 위험성을 표출하기 위해 계속해서 기사를 확산시켰다.

공학과 정보학의 특이한 이야기

이상한 기계들

검은 전구와 공기 후크의 새 소식

검은 전구는 위키피디아 백과사전에서 외관상 일반 전구와 흡사한 전기 장치라고 명시되어 있다. 그런데 이 전구는 전혀 빛을 발하지 못하고 오히려 공간을 어둡게 만든다. 일반 전구가 빛과 복사열 형태의 에너지를 방출하는 것에 반해, 이 검은 전구는 오히려 복사 에너지를 흡수하기 때문에 일반적으로 '에너지 구멍' 이라고 표현된다.

검은 전구는 내부에 수많은 전기 부품을 갖고 있어서 상당히 무겁다. 특히 전구의 겉 덮개는 유리로 만들어진 것이 아니라 무게가 상당히 나가는 '헬리오텍스Heliotex' 라는 독특한 금속으로 합금되어 있다. 그래서 60W의 검은 전구 한 개의 무게는 거의 1킬로그램 가까이

나간다. 때문에 전구와 소켓을 특별히 잘 고정시켜야만 한다.

검은 전구에서 가장 중요한 부위는 복잡하게 이루어진 석영 진공관이다. 이것은 세계적으로 유명한 미국의 회사 제너럴 일레트릭의 전기 기술자인 에디슨Edison A. Thomas이 발명했다. 발명가 로버트 휴Robert Heu의 이름을 따서 '휴-필드' 라고 불리는 가역성 전자석 필드가 전구 안 석영 진공관에 조립되어 있다. 그리고 그것은 스스로 평형을 유지하기 위해 많은 양의 복사에너지를 흡수한다. 이런 방식으로 모아진 에너지를 재사용하기 위한 연구가 오늘날 매우 활발하게 이루어지고 있으며, 이를 통한 검은 전구의 엄청난 수익성도 보장하고 있다. 휴-필드는 헬리오텍스 겉 덮개의 표면 안쪽에서 발생하기 때문에 우선적으로 빛 에너지를 흡수하면서 그와 동시에 복사열도 빨아들인다. 따라서 스위치가 켜진 검은 전구의 바깥 표면은 급속하게 냉각된다.

검은 전구가 사용될 수 있는 영역은 매우 다양하다. 예를 들어 사진 작업을 하는 데 검은 전구가 하나의 대안이 될 수도 있는 것이다. 그렇다고 해서 빛줄기 하나 통과하지 않는 암실의 설치가 더 이상 필요치 않다는 말이 아니다. 단지 암실 대신 검은 전구가 공간으로부터 빛을 흡수하기 위한 전력을 충분히 발휘할 수 있는 특성이 있기 때문이다. 또한 검은 전구는 파티 장소에 쓰이는 데 유용하고, 낮 시간 동안에 휴식을 필요로 하는 직장인들에게도 안락함을 느낄 수 있도록 도와줄 것이다. 게다가 헬리오텍스 합금의 적용 변환을 통해서 특별한 검은 전구를 훨씬 다양하게 활용하고 새로운 응용 영역으로까지 넓힐 수 있을 것이다. 예를 들어, 이 전구의 적외선 흡수력을 지금의 냉장고와 에어컨에 보충한다면 엄청난 비용 절감을 할 수 있을지도 모른다. 또한 과학 분야에서는 이 특별한 전구가 원하지 않는 복사에너지를 차단하는 곳에 꼭 필요하므로 과학자들이 실험을 할 때에도 매우 효과적으로 응용될 수 있다.

하지만 이처럼 유망해 보이는 검은 전구도 높은 매입 가격과 높은 관리비 그리고 한정된 수명이라는 벽이 그 앞을 가로막고 서 있다. 하지만 전구의 장기 사용에 저해되는 헬리오텍스 덮개의 냉각 문제점을 해결한 새로운 기술이 개발되기만 한다면 전체 경비는 엄청나게 감소될 것이다. 그렇게 되면 모든 사람들은 언제 어디서나 필요한 만큼 어둠을 만들어 낼 수 있게 될 것이다.

서론에서 언급한 바와 같이, 오늘날 일반 사람들은 검은 전구의 발명자를 E. A. 토마스로 알고 있다. 그런데 과학 역사의 새로운 연구에 의하면 다른 가능성이 유추되었는데, 아마도 토마스가 천재 과학자 다니엘 듀젠트립Daniel Düsentrib의 아이디어에 손을 댔을지도 모른다는 것이다. 게다가 다른 출처에 따르면 이 검은 전구가 훨씬 더 오래전부터 있었을 것이라고도 추측하는데, 그 예로 1910년에 크리스티안 모르겐슈테른이 자신의 저서에 다음과 같이 서술한 검은 전구의 기능성 원리를 보면 그 점을 알 수 있다는 것이다.

콥프가 한 주야 전등을 발명했다.

그것을 켜자마자,

스스로 환한 낮을

밤으로 변화시켰다.

그가 그 전등을 람페 의회 앞에서

증명시키자,

과학을 안다고 하는 이 어느 누구도

여기서 무엇이 문제인지 알아차리지 못했다.

(밝은 낮이 어둡게 되었다.

그리고 우레 같은 소리가 집 안에 울려 퍼졌다.)

(그리고 하인 맘페를 불러: '불을 켜라!')

- 여기서 무엇이 문제인지

단 하나 확실한 사실: 그것은 상상 속의 전등,

만약 실제로 작동시킨다면,

환한 낮을 직접

밤으로 변화시키리라.

위의 검은 전구와 주야 전등에 대한 설명이 상당히 비현실적으로 느껴지는 것은 아마도 비가시광선 전등을 환상의 물건에 빗대어 표현하였기 때문일 것이다. 그런데 놀랍게도 이 전등은 실제로 존재하며 또 많은 곳에 사용된다. 울트라바이올렛(UV) 복사의 특정한 한 영역은 일반적으로 '비가시광선' 이라 부른다. 비가시광선(자외선)은 UV-A 복사에서 350~370 나노미터의 파장을 말하며, 저압 기체 방전 전등이나 변환 백열등에 의해서 생성될 수 있는데, 특히 이 변환 백열등은 산화니켈의 성분이 들어 있는 특수 유리로 만들어진 플라스크를 이용해서 가시성의 빛을 흡수한다. 그로 인해, 어두운 공간 안에는 비가시적인 빛이 시각적인 효과로 나타나게 되고 이러한 복사를 통해서 발광 물질들은 빛을 내기 시작한다. 예를 들면, 대부분의 세탁 세제 속에는 발광하는 특성을 가지는 광학 표백 성분이 포함되어 있다. 그것으로 인해 특정한 흰색 직물들은 비가시광선 조명에 의해 발광하게 되는 것이다. 또 비슷한 예로 특수한 백색 염료를 함유하고 있는 몇몇 종이 종류와 그 밖의 많은 재료들도 형광 빛을 발하게 된다.

이러한 효과는 어두컴컴한 무대 위에서 연극이 펼쳐지는 이른바 '비가시광선 극장' 에서도 사용되는데 그곳에는 조명이 비가시광선 전등만으로 설치되어 있기 때문에 검은색 옷을 입고 있는 연극배우들은 보이지 않는다. 특별한 하얀색 소품과 옷 조각들을 제외하고 말이다. 이러한 방법으로 연극은 매우 놀라운 효과를 보여 주는데, 마치 소품들과 사람들이 떠 있는 것처럼 보이게 하고 갑자기 나타났다가 사라지는 것으로 보이게 만들기 때문이다. 이러한 '비가시광선 극장'은 약간은 변천된 사용이라고 할 수 있다. 그 외에도 극장 안 비가시광선 무대 옆에는 일반 의상을 입은 배우들이 오를 수 있는 빛의 통로도 마련되어 있다.

비가시광선은 또한 전혀 다른 용도로 사용되기도 한다. 그것은 바로 최근에 만들어진 소프트웨어로서, 이른바 '루트킷'을 통해서 몰래 프로그램에 침입하여, 암호를 비롯한 다른 비밀 자료들을 훔쳐 내는 것이다. '블랙라이트'라는 이름의 이 프로그램은 비가시광선을 이용해서 보이지 않는 부분에 빛을 비춤으로써 그것을 알아볼 수 있게 만들어 준다.

공기 후크는 상당히 기이한 기계이다. 이 기계는 지멘스Siemens라는 회사가 발명하여 특허권을 신청하였지만 항간에서는 이 기계를 피셔Fischer 회사나 AEG와 같은 다른 회사들이 발명한 것이라고 보도되었다. 어쩌면 그것은 기업 연합이 함께 개발한 공동 작품일지도 모른다. 공기 후크의 주된 응용 영역은 물체를 걸기 위해 사용되는 것으로 보통 부착하기 힘든 곳에 쓰인다. 인터넷상으로 다양한 크기의 공기 후크 그림이 몇 개 올라와 있긴 하지만, 핵심적인 물리 및 기술적 원리는 생산자에 의해 지금까지 비밀에 부쳐지고 있다.

어쨌든 괴팅엔의 테오도르 호이스 김나지움에서 근무하는, 한 선생님이 오랜 연구개발 끝에 공기 후크 모델을 만드는 데 성공했다. 물론 그가 만든 기계의 기능은 매우 국한되어 있었다. 그리고 슈트트가르트의 호르프 직업학교에 재직 중인 마티아스 포겔 교수 또한 공기 후크의 여러 가지 복잡한 문제들에 대해서 집중적으로 연구했는데 그 결과는 실로 놀라웠다. 그는 인터넷상에 그 연구 결과를 공개하면서 그것은 지금까지 생산된 것 중 가장 큰 공기 후크이자, 예컨대 행성도 걸칠 수 있을 것이라고 했다. 그로 인해 전례 없는 특별 제작이 이루어졌었지만, 결국 실패하여 곧바로 폐기 처분되고 말았다. 와트하우젠의 폴트길 26번지에 위치한, 오마르 슈트톰 & 존 이란 회사도 조경 조명을 위한 특별한 전등을 인터넷에 공개했는데, 이 전등은 지멘스의 공기 후크와 함께 고정되었다. 공기 후크를 취급하기 어려운 사람들은 일반적으로 판매되고 있는 후크에 돌려 끼워 사용할 수 있는 공기 못을 대안으로 생각해 볼 수 있을 것이다. 물론 이러한 특별한 못을 얻기란 쉬운 일이 아니다. 왜냐하면 제조 회사인 AEG가 이미 여러 해 전에 이미 문을 닫았기 때문이다. 소문에 의하면, 공기 못의 높은 개발비와 제조 비용이 AEG 파산에 결정적인 역할을 했다는 말도 전해지고 있다.

공기 후크와 공기 못은 견습생들에게도 매우 잘 알려져 있다. 그들은 기능사나 장인이 시키는 잦은 심부름과 직장 상사의 짓궂은 심부름까지 도맡아서 해야 한다. 예를 들어, 상사의 지시로 무거운 장비를 옮기는 직원이 곱사등이 되어 힘겹게 상사에게까지 옮겨 놓으면 상사는 그 모습이 웃겨 죽는다는 식으로 심술궂게 웃는다. 이러한 우스갯소리는 현 견습생이나 다양한 직업 속에서 견습을 기다리는 이들을 비웃는 말이다. 많은 학자들도 이러한 과정을 거쳤고, 이 과정은 '수습 입문 관례' 라는 조금은 과장된 말로 전해지고 있다. 특히 이러한 '심부름시키기' 장난은 자동차 기업과 철물 제작업에서도 빈번히 일어나는데 예를 들어, 견습생들은 점화 체계가 자가 장착이 되어 점화 플러그가 필요 없는 디젤모터를 위한 점화 플러그를 가져오라는 심부름이나 파란색 기어 샌드 또는 노란색 점화등 부동액을 가져오라는 심부름을 받는다. 또한 가끔은 눈대중으로 가스가 분사되는 실내등을 조정하라고 시키기도 한다. 그리고 철물 제작업에서는 광택이 나는 기름을 가져올 것을 요구한다. 건축업에서도 견습생에게 장난을 칠 만한 심부름들이 있는데 예를 들어 수평을 재는 기구의 부레를 대체할 만한 것을 가져오라고 하거나 완성된 모형 세트를 가져오라는 것 등이 그에 속할 수 있다. 그리고 배관공의 견습생 경우에는 물 분사식의 굴절 펜치를 가져오라는 심부름이 가장 많았다고 한다. 또한 나름 엄숙하다는 금융권에서도 견습생 놀리기를 좋아했는데 그들은 견습생에게 옆 창구에서 이자 증서용 가위 또는 이율을 가져오도록 시킨다고 한다. 물론 이러한 장난거리는 견습생들 사이에 빠르게 퍼지기 때문에 '늙은 여우들은' 다시금 새로운 장난을 생각해 내는 데 골몰한다. 앞으로도 연구가들은 아마 끝나지 않을 활동 영역인 이러한 수습 입문 관례를 계속 창조해 낼 것이다.

근본 원리

머피의 법칙과 그 응용의 재미

미국 에어포스의 캡틴인 에드워드 머피 주니어Edward. A. Murphy jr.는 1949년에 엔지니어로서 캘리포니아의 한 시험 부지에서 로켓 썰매를 연구했다. 아마 머피는 그것으로부터 자신이 온 세계에서 통용되는 적법성의 골자를 만들게 되리라고는 꿈에도 몰랐을 것이다. 당시 머피는 인간의 신체가 어느 정도까지 가속의 힘을 견딜 수 있는지에 대해서 밝혀내고자 실험하고 있었다. 이 실험을 하기 위해서는 피 실험자가 반드시 필요했었는데, 그의 신체 부위에 수많은 센서를 장착해야만 각 부위가 느끼는 충격을 정확하게 알아낼 수 있기 때문이다. 그리고 그에 알맞은 정확한 측량 결과를 얻기 위해서는, 측량 센서 장치를 모두 같은 종류와 방법으로 설치했어야만 했다. 그런데 이러한 과정에서 문제가 생기는 바람에 모든 시험 과정은 어긋나게 되었고, 이에 머피는 크게 화가 나게 되었다. 실험이 실패한 까닭은 실험 준비 과정에서 한 동료가 피실험자의 모든 센서들을 90도씩 비틀어 설치함으로써, 완전히 잘못된 측정 결과를 얻었기 때문이었다. 좌절한 캡틴은 멍하니 서성거리고 있는 암담한 팀원들에게 즉흥적으로 다음과 같이 말했다고 전해진다. "무엇인가를 해결할 수 있는 방법은 한 가지보다 많은데 그 방법 중 하나가 파멸로 끝날 수 있다면 누군가는 반드시 그 길을 선택하게 될 것이다." 이 언급은 함께 참여했던 피실험 운전자와 로켓 썰매의 공동 개발자, 그리고 소령 존 스탑John P. Stapp에게 깊은 인상을 주었다. 그리고 실험 실패 이후 며칠이 지나지 않아서 개최된 한 언론 회합의 자리에서 머피는 그때 자신이 했던 말을 다른 형식으로 다시 번복했다. 기자들도 마찬가지로 그의 말에 감동을 받았고, 그들은 자신들의 기사에 그 실패한 일련의 실험들에 대해서 제멋대로 해석을 달아 보도했다. 그런데 바로 그들 중 한 명이 '머피의 법칙' 이라는 명칭을 각인시키면서 이 법칙은 전 세계에서 쓰이기 시작했고, 캡틴 머피는 그에 따라 유명해지게 되었다. 과거 머피의 법칙은 상당히 복잡한 표현으로 이루어져 있었기 때문에 오늘날에는 이러한 단순화된 표현으로 다시 쓰이고 있다. "잘못될 가능성이 있는 모든 것은, 역시 잘못될 것이다." 그리고 여기에는 때때로 다음과 같은 말이 첨부되기도 한다. "그것은 시간문제일 뿐이다."

그러나 이렇게 재탄생된 표현은 또 다른 혼란을 가져왔는데, 단순화된 표현으로 인해 머피의 법칙이 피네이글의 법칙과 매우 흡사해졌기 때문이다. 피네이글의 법칙은 유명한 사이언스 픽션 저자인 존 캠벨John W. Campbell에 의해서 다양하게 변형된 표현으로 전 세계에서 널리 쓰이게 되었다. 그의 법칙에 따르는 예로는 다음과 같은 표현들이 있다. '만약 실험이 잘되어 간다면, 그 전에 무엇인가 잘못되었기 때문일 것이다', '모든 자료 모음 안에는, 모든 계산이 틀렸는데도 불구하고 보기에 정확한 계산서가 들어 있다', '일단 한 번 실수하면, 다시 올바른 상태로 만들려고 노력할수록, 모든 상황은 더 나빠진다.'

때때로 머피의 법칙이 조셉 머피Joseph Murphy 박사의 것이라고 간주되는 경우가 있는데 사실 그들은 이름 외에는 공통점이 거의 없다. 요컨대 조셉 머피는 철학과 종교학을 공부했고, 그의 주요 관심 분야는 잠재의식에 관한 것이었다. 그것과 관련하여 그는 유명한 저서를 집필했는데, 그것은 무려 65판에 이른다. 그가 주장한 주요 이론은 다음과 같다. '잠재의식 속에서 진실로서 뜻하는 바는 실제로 이루어진다.' 이러한 이론 때문에 조셉 머피는 또한 '긍정적인 사고의 아버지'로 종종 상징된다.

머피의 법칙은 깊은 사고력을 요구하지 않는 일반적인 관용구임에도 불구하고, 많은 분야에서 절대적인 중요한 의미를 부여했다. 예를 들어 이 법칙은 이른바 '비상 안전장치Fail-Safe 원리'의 토대가

되어 다양한 분야에서 품질 보증으로 쓰이고 있다. 바꿔 말하자면 이미 저질러진 잘못Fail은 안전한Safe 방향으로 영향을 미칠 수 있다는 것이다. 또한 그것은 에어탱크 시스템에서 구멍이 오히려 제동을 걸어 주는, 화물 자동차의 에어브레이크와 같은 맥락이라고 할 수 있다. 머피 법칙의 학문적인 토대는 인공두뇌학이나 경우에 따라서는 이론 체계에서 비롯한 중요한 원칙에서도 찾을 수 있을 것이다. 이 원칙이 바로 '혼동은 질서보다 더 그럴 듯하다' 이다. 이러한 원칙은 인간두뇌학의 창시자로 유명한 수학자 노버트 위너Norbert Wiener가 깊이 연구했다. 그리고 머피의 반대 법칙은 포괄적인 시스템으로 사용될 수 있는 의미심장한 한 원칙을 낳았다. '어느 곳에서든 일정한 발전이 이루어지지 않았다면, 그런 곳은(지금 이 자리) 또한 가능하지 않다.' 인간 문명의 생성 역시 매우 복잡한 시스템으로서 설명할 수 있는 것이기 때문에, 여기에는 머피의 반대 법칙이 적용된다. 예를 들어, 지금으로부터 약 10,000년 전에 발달한 경작과 목축업은 왜 오늘날의 이라크, 이란 그리고 시리아가 에워싸고 있는 소위 '초승달 지대' 에서만 발생했는가에 대한 질문의 대답을 이 법칙으로 설명할 수 있다. 당시 세계 다른 나라에서는 이와 같은 인류의 중요한 발전 단계를 위해서 필요한 전제 조건을 아직 갖추고 있지 않았기 때문이다. 그리고 겨우 수천 년이 흐른 후에야 중국과 중앙아메리카의 시민집단이 문명 단계로 접어들 수 있었다.

그런데 머피의 법칙은 이러한 배경과는 잘 맞지 않게 생활 전반으로 변형되어 다양하게 응용되어 왔다. 예를 들어 축구와 관련해서는 '축구 시합 중에 골이 들어가는 순간은 항상 맥주를 가지러 갔을 때이다' 라는 표현이 만들어졌고, 보이스카우트 멤버로 추측되는 어떤 사람은 "캠프파이어의 연기는 항상 앉아 있는 쪽으로 향한다"라고 말했다. 또한 '떨어지는 버터 빵' 이라는 유명한 말도 머피의 법칙에서 나왔는데, 이것은 빵이 떨어질 때, (거의) 항상 버터가 발라진 쪽으로 떨어진다는 것이다. 그러는 사이 확실한 물리적인 이유가 밝혀졌기 때문에 사람들이 이렇게 머피의 법칙을 내세울 필요가 없는데도 이처럼 머피의 법칙과 관련된 표현이 생겨났다.

몇 해 전부터는 '머피학' 이라고 명명되는 특별한 경향의 한 연구가 추진되었다. 그 연구원들은 머피의 법칙으로부터 많은 기본 원칙을 이끌어 냈고, 변종된 법칙을 만들어 냈다. 거기에는 컴퓨터 프로그래밍에 관한 여러 가지의 머피 법칙도 있다. 그 첫 번째이자 중요한 법칙은 다음과 같은 내용이다. '사용하는 모든 프로그램은 낡았다.' 그 외에도 '머피의 우대 손님의 법칙' 과 '쉐프와 경영학자 그리고 기계 제작자를 위한 머피의 법칙' 이라는 것도 존재한다. 게다가 정말 흥미로운 것은 머피 철학의 '웃어라 … 그러면 다음날 상황이 더 나빠질 것이다' 라는 원칙이다.

머피의 대단한 인기로 인해 사람들의 행렬은 멈추지 않았고, 그 사이에 관련된 컴퓨터 게임까지 만들어졌다. '머피의 법칙: 깜찍한 불상사' 라는 이 게임은 인터넷에서 무료로 이용할 수 있다.

개발자의 말에 따르면, 이 게임의 목표는 '일이 꼬여질 가능성이 있는 모든 것을, 더 꼬이게 만드는 것' 이라고 한다. 출발선에는 다음과 같은 글이 씌어 있다. "너는 크리스마스 전날에 일을 하고 있는 산타클로스를 보게 될 거야. 만약 네가 개입하지 않는다면 정말 따분하겠지! 방 안에 있는 물건을 이용해서 산타클로스를 재난에서 그 다음 대재난 속으로 이끄는 거야. 네가 산타클로스를 화나게 만들어, 일을 혼란 속으로 꼬이게 할 때마다, 넌 점수를 받게 될 거야. 못되게 굴어, 나쁘게 굴어 그리고 자비 따윈 몰라야 해! 그럼 재밌게 놀자고!" 이 게임은 사디의 입김을 가진 머피의 친구들에게 매우 인기가 있었다. 개발자에 따르면, 2001년에 이 게임이 출시된 이후로 2억 5천만 명이 넘는 사람들이 이 게임을 즐겼다고 한다.

또한 '심리학 사전' 에서도 머피의 법칙에 대한 수록을 찾을 수 있는데 거기에서 다음과 같은 본문을 읽을 수 있다. "머피의 법칙은 수많은 행위 이론에 근본적인 전제를 두고 있으며, 경험적인 가르침에 관한 연구에서 핵심적인 결과이다: 무엇인가 잘못될 가능성이 있다면, 그것은 또한 잘못될 것이다(블로흐Bloch, 1985). 이와 비교하여 심슨(Simpson, 1986)은 다른 표현을 제안했다. 그의 표현은 삶의 경험적인 측면에서 더 나을 뿐만 아니라, 더 정확한 형식으로서 부합한다: 무엇인가 잘못될 가능성이 있는 것은 잘못될 수 있다. 심화와 상세항목: 1986년 T. 슈태들러T. Städtler는 K. 그로위K. Grawe와 함께 메타분석을 통해 머피의 법칙에 대해서 모든 경험주의적인 조사를 실행했다. 그리고 그로부터 9년 후에 무려 34,712가지나 되는 관련된 (검사를 거친) 연구 결과를 얻었지만 이에 대한 의견 불일치로 인하여 결국 불화로 (그리고 바로 이어지는 프로젝트의 중단으로) 치닫고 말았다. 하지만 메타 분석을 할 때 중단되어 수포로 돌아간 그 연구가 좋은 본보기가 되었고, 그 연구는 아마 바람직한 예증으로도 평가될 수 있을 것이다. 총체적인 머피 연구에 대한 논쟁점은 오늘날까지 두 갈래로 갈라졌다. (메르텐스[Mertens, 1994 ff.]의 정신 분석학적인 관점을 참고)

문학적인 토대로는 다음과 같은 문서들이 있다. '그로위와 슈태틀러: 대영 제국의 검사대 위에 오른 머피학 주석. DFG-연구프로젝트(1986~1995); 메르텐슨: 머피 법칙에 의한 출혈-죽음의 본능에 대한 실재성과 강제 반복에 따르는 예증인가? JPsa 1994, 13-34쪽; 심슨 Simpson W. R.: 한 명의 개연자. 머피 원동력의 공식화-응용 가능한 연구문제 분석의 적용. 쉐어Scherr G. H.(편집자): 반복할 수 없는 실험의 보도, 뮌헨 1986.'

머피 법칙의 영역에서 이와 같이 다양한 학문적 활동을 헤아린다면, 이는 분명 완벽한 노벨상 수상감이다. 그리고 2003년에는 (실제로 이그Ig이긴 하지만) '이그 상'을 받았다. 이 상은 1991년 이후 매년 미국 캠브리지의 하버드 대학교에서 전혀 쓸모없거나 또는 엉뚱한 학문 연구에 수여되고 있는데(머리말 참고) 영국의 과학저널 〈네이쳐 *Nature*〉는 이그 상이 '맨 처음에는 사람들을 웃게 만들고, 그다음에는 깊이 생각하게 만드는' 논문에만 수여된다고 서술한 바 있다. 이런 관점에서 보면 머피의 법칙은 이그 상을 받기에 충분한 자격을 갖추고 있었다. 이렇게 세상을 뒤흔들 정도의 놀라운 법칙을 세운 저자가 누구인가에 대한 의문이 화두에 올랐는데 조사 결과에 따르면, 머피 캡틴과 스탭 소령뿐만 아니라 조지 니콜스George Nichols라는 엔지니어가 저자일 가능성이 높다는 사실이 밝혀졌다. 그래서 결국 이 세 사람이 머피의 법칙을 세운 사람들로 인정하는 것으로 결론이 났다.

어쨌든 위와 같이 커다란 영예를 누린 후에도, 아직도 높은 관심과 함께 언제 어디서 또 어떤 학문 영역에서 머피의 기본 법칙에 관한 공헌이 발표될지 기다려진다.

어마어마한 상실

티스푼의 행방에 대한 과학적 연구

의학 연구와 공중 보건을 위한 맥펄라인 버넷 연구소Macfarlane Burnet Institute for Medical Research and Public Health는 인구 100만 이상의 도시인 호주의 멜버른에서도 규모가 큰 연구 센터에 속한다. 보통 줄여서 '버넷 연구소'라고도 불리며, 총 약 140여 명의 연구원들을 수용할 수 있는 8개의 연구원 대합실을 포함한 연구 시설을 갖추고 있다. 연구소 소장인 마가렛 헬러드Margaret E. Hellard 는 어느 날 동료 캠벨 에이켄과 메건 림과 함께 높은 학문적 목표를 두고 어떤 한 연구를 시작했다.

그 연구의 주제는 연구소에 배치되어 있는 티스푼이 왜 사라지는가에 관한 문제였다. 고심한 끝에 얻어 낸 이 연구의 흥미로운 결과는 2005년 12월 명성 있는 과학 저널 〈BMJ〉(과거, British Medical Journal)에 발표되었다. 논문의 제목은 '사라지는 티스푼의 사건: 호주의 어느 한 연구소에서 사라지는 티스푼의 공범자에 대한 장기적인 연구'라고 적혀 있었다.

서론 부분에서 이 연구자들은 자신들이 이 '심오한' 문제에 눈을 뜨게 된 경위를 설명했다. '그들은 2004년 1월에 연구소의 한 휴게실에 있던 모든 티스푼이 사라졌다는 것을 확인하게 되었다. 새로운 티스푼을 사들였지만, 몇 달 후 그것마저도 모두 사라지게 되었다. 그로 인해 그들은 차나 커피를 마실 때 제대로 저을 수 없었고 이에 화가 난 연구자들은 즉흥적으로, 사라지는 티스푼 현상에 대해서 과학적인 엄밀성을 두고 조사하기로 마음먹게 되었다.'

먼저 그들은 평소처럼 그와 관계된 과학적인 문서 자료들을 찾아 조사하기 시작했다. 하지만 그 전에 그들은 지금까지 어느 누구도 이러한 문제점에 대한 연구를 발표한 적이 없었다는 사실을 받아들여만 했다.

이와 같이 극도로 복잡한 주제의 해결책을 찾기 위해서 호주의 과학자 트리오는 준비 조사에 착수했고, 이 조사는 2004년 2월 5일부터 6월 18일까지 진행되었다. 연구자들은 실험을 위해 32개의 특수강 재질의 단순한 티스푼을 사들인 다음, 눈에 띄지 않게 뒤쪽에 번호를 새겨 넣었다. 그리고 그중 반은 연구소 출입이 가능한 두 대합실에 나누어 배치했다. 그런 다음 5개월 동안 주간마다 티스푼의 재고량을 측정했고, 원래 배치한 수량과의 편차를 세심하게 기록했다.

이어지는 본 연구에서는 54개의 단순한 티스푼이 투입되었고, 이번에도 사전 조사와 마찬가지로 번호를 새겨 넣었다. 거기에 추가적으로, 번호가 새겨진 16개의 최상품 스푼을 다른 스푼과 함께 연구소의 모든 대합실에 모두 똑같은 양으로 나누어 배치했다. 처음에는 1주일마다, 나중에는 2주마다 다양한 공간에 있는 스푼의 재고량을 상세히 조사했다. 그리고 5개월 후, 맨 처음 비밀리에 실행되었던 이 프로젝트가 연구소에 있는 모든 관계자에게 공개되었고, 그들 모두에게 티스푼의 문제점에 관한 각자의 견해를 조사하는 익명의 설문지를 나누어 주었다.

마가렛 헬러드와 동료는 그 연구 활동의 결과물을 BMJ 기사에 다음과 같이 발표했다. "본 연구를 위한 5개월의 관찰 기간 동안 티스푼 중 80%가 사라졌다. 한 티스푼의 반감기는(원래부터 갖고 있었던 모든 티스푼 중 반이 사라지기까지 걸리는 시간이라고 이해하면 된다) 사전 조사에서는 63일에 불과했던 것에 반해, 본 연구에서는 81일로 측정되었다. 하루에 100개의 티스푼을 기본이라고 하면 0.99개의 스푼이 사라진 것이다. 티스푼의 손실은 그 스푼이 맨 처음 배치된 대합실의 유형에 따라서 상당한 영향을 받는 것으로 밝혀졌다. 모두가 출입할 수 있는 공간에서는 반감기가 겨우 42일밖에 되지 않았지만, 특정한 프로젝트 팀원들만 사용하는 공간에서는 반감기가 72일로 현저하게 높았다. 그런데 놀랍게도 티스푼의 품질은 손실 비율에 영향을 미치지 못했다. 그리고 매일 출근하는 연구원들의 평균 인원을 고려했을 때, 일 년을 100티스푼으로 생각하면 1인당 2.58개의 티스푼의 손실을 가져오는 것이다. 이와 같은 기초 정보를 토대로 했을 때 원활한 유지를 위해 필요한 티스푼의 총수는(최저값으로 2명의 연구원당 하나의 티스푼으로 계산했다) 1년에 252.4개였다. 그리고 이를 구입하기 위해 드는 비용은 거의 100달러(호주 달러)로 산출되었다(약 63유로에 해당). 버넷 연구소에서 산출된 연간 티스푼 손실을, 멜버른 도시에서 일하고 있는 총 250만 명의 피고용인들에게 적용시키면, 연간 1,800만 개의 티스푼이 손실되는 것으로 측정되었다. 그것은 곧 총 수백만 달러를 손해 보고 있는 것이다. 끝으로 그 잃어버린 티스푼들을 서로 연결하면, 2700킬로미터가 넘는 구간에 달하는데, 이 거리는 모잠비크의 모든 해안선의 직선상과 거의 일치한다. 그리고 사라진 티스푼의 무게는 약 360톤 이상에 달하며, 이 또한 네 마리의 다 자란 푸른 고래와 거의 맞먹는 무게의 수이다."

이 연구가 연구소의 모든 관계자들에게 공개된 후, 없어졌다고 믿었던 5개의 티스푼이 돌아왔다. 그중 하나는 약 20주 동안이나 없어졌던 것이다. 설문 조사에 94명의 사원들이 참여했는데, 이는 67%라는 상당한 응답률을 보여 주었다. 그중 36명(38%)이 남자였고, 57명(61%)이 여자였다. 그리고 한 명의 참여자는 자신의 성별을 공개하지 않았다. 설문지의 응답을 토대로 38%의 참여자들이 한 번씩은 이미 1개의 티스푼을 가져갔다는 사실이 추론되었다. 그리고 이러한 도난 행위는 주로 작업장에서 이루어졌는데 이러한 행위가 원칙적으로는 잘못된 것이라고 생각하는 참가자들의 비율은 57%나 되었다. 그리고 연구소에서 공급되는 티스푼의 상태에 대해서는 겨우 6%만이 만족했다. 이처럼 현저히 낮은 비율은 엄청난 속도로 분실되는 수저를 고려하면, 그다지 놀라운 결과가 아니었다.

이와 같은 걱정스러운 결과에 관한 논의에서 저자는 다른 흥미로운 비극과 비교해 보았다. 그 이야기는 몇 해 전 일반인이라면 누구나 들어갈 수 있는 소를 위한 목초지(이른바 'commons-공동 소유')의 사용에 관한 사건이다. 이 연구의 저자는 가렛 하든Garrett Hardin으로 1968년에 미국의 영향력 있는 과학 저널 〈사이언스*Science*〉에 이 이야기를 발표했다. 하든은 논문에서 가축을 무작위로 방목함으로써 공유 목초지가 파괴되었다고 언급했는데, 그 이유는 각각의 소 사육자가 가능한 많은 소들이 공공의 이익인 공유지에서 풀을 뜯도록 지시했기 때문이라고 했다.

이 명백한 자료 결과는 저자의 견해에서뿐 아니라, '반대 현상 이론학적인 저항주의 시각'에서도 바라볼 수 있다. 이는 특히 호주에서 대중적인 사랑을 받는 철학적 이론으로, 무생물도 사람에 대한 어떠한 자연스런 반감을 가질 수 있다는 관념에서 출발한다. 그렇기 때문에 사람들이 무생물들을 제어하는 것이 아니라, 무생물들 스스로가 점차적으로 자신을 제어하게 된다는 것이다. 티스푼의 영향력도 처음에는 찾아볼 수 없었다가 시간이 지나면서 버넷 연구소의 사원들에게 확실한 영향을 미치게 되었다. 마치 티스푼도 일시적으로 움직이거나 완전히 사라질 수 있는 능력을 가지고 있음을 알려 주기 위한 것처럼 말이다. 이러한 연구를 통해 우리 인간들이 물체들에 비해 얼마나 작은 통제력을 가졌는지 알 수 있을 것이다.

논문의 마지막 부분에서 저자는 지속적인 연구에 대한 필요성을 언급했다. 이는 식사 도구의 단순한 교체뿐만 아니라 칼이나 포크와 같이 더 높은 가치가 있는 장비를 갖추어야 할 것이라고 역설한 것이다. 그들은 그것을 통해서 이 현상에 대한 근본적인 이해가 이루어질 수 있을 것이라고 했다. 마이크로칩이나 인공위성 위치 시스템의 장착은 사라져 버린 티스푼들뿐 아니라, 다른 물체들의 정확한 위치를 파악하는 것까지 가능하게 만들어 줄 것이다. 물론 그것들이 우주 공간 속이 아닌 땅 위에 있다는 전제하에서 말이다.

버넷 연구소를 위한 실질적인 마무리로서, 공동 대합실의 티스푼의 수를 줄이는 방법을 추천할 수 있다. 왜냐하면 그곳의 티스푼 손실이 관계자만 출입할 수 있는 프로젝트 대합실보다 확연하게 높았기 때문이다.

이 연구 결과는 다른 많은 연구소와 그 밖의 다른 공공시설에서도 일어날 수 있다. 따라서 저자는 국가 차원에서 국가 기물이라고 할 수 있는 티스푼이 막대한 손실을 입지 않도록 효과적인 통제 체계를 실시할 것을 요구하는 바이다. 이러한 현상이 단지 호주에서만 국한된 것이 아니라, 전 세계적으로 어마어마한 손실을 초래할 수도 있는 것이다. 그러므로 세계적인 규모의 선두 활동에 대한 필요성이 절실히 요구되는 바이다. 분별력 있게 이 문제를 국제연합에서 위임하여 보급하고 직접 관리함으로써 세계의 안녕과 평화를 추구해야 할 것이다.

최대의 데이터 보호

ROM에서 WOM을 지나 WORM으로

컴퓨터를 다뤄 본 사람은 누구나 롬ROM의 약자를 알 것이다. 이것은 보통 영어권에서 '읽기 전용Read Only Memory' 이라는 명칭으로 활용된다. 이 단어에서 알 수 있듯이, 이것은 일반 컴퓨터를 사용할 때 정보 '읽기' 는 가능하지만 '변경' 하기는 되지 않는 기억 장치이다. 이와 같은 저장 유형을 읽기용 기억 장치라고 하는데, 왜냐하면 그 장치가 전원이 꺼진 상태에서도 기억을 '꽉 붙들고' 있기 때문이다. 이것을 물리학적인 형태에서 보면, 한 '배선' 의 형태로 저장된다. 그렇기 때문에 지속적으로 사용해야 하는 프로그램을 저장할 경우에 아주 적합하다. 롬 형식의 데이터 입력은, 네거티브 필름과 흡사한 이른바 '마스크Mask' 라 불리는 것으로 이루어진다. 바꿔 말하자면, 노출 단계에서 마스크를 이용하여 주어진 배선 형태를 그대로 가공하지 않은 컴퓨터칩 위로 복사하는 것이다. 그래서 사람들은 이것을 '마스크 프로그램 롬', 또는 줄여서 '마스크 롬'이라고 부른다. 하지만 이러한 방법은 상당한 시간과 노력을 필요로 하기 때문에, 많은 수의 동일한 프로그래밍 메모리칩을 제조할 때만 사용한다. 한편 단일 기간만을 사용하거나 몇 개의 시리즈를 제작할 경우에는 다른 형태의 ROMs를 사용하는데, 이것은 제조 이후 그 ROM에 저장된 정보 또한 거의 영속적으로 남아 있을 수 있다. 예를 들어 PROM(Programmable ROM)은 1회에 한해서 기록할 수 있는 반면, EPROM(Erasable Programmable ROM)은 자외선을 이용하여 지울 수 있으며, 몇 배의 정보를 저장할 수도 있다. 또한 시디롬CD-ROM: Compact Disc ROM도 널리 쓰이고 있는데, 오늘날 거의 모든 컴퓨터에는 이 CD에 저장된 데이터를 읽을 수 있는 주행 장치가 장착되어 있다.

다양한 롬 형식에 비해 비교적 적게 알려진, 이른바 웜WOM: Write Only Memory이라는 기억 장치도 있다. 이 장치는 모두 OINO(Once In Never Out) 원칙 아래 실행된다. 이 기억 장치의 가장 큰 장점은, 데이터가 저장이 되기는 하지만 사용자 자신 외에는 다른 사람이 읽을 수가 없다는 것이다. 그렇기 때문에 이 기억 장치는 다른 사람 손에 들어가면 안 되는 매우 중요한 자료를 다룰 때 용이하다. 그러한 이유로 이미 오래전부터 데이터 보호 차원에서 개인 정보는 반드시 이러한 읽기 보호용 WOM 기억 장치에만 저장할 것을 요구하고 있다.

WOM과 관련된 첫 번째 기술은 1972년 미국의 실리콘 밸리에 있던, 당시 잘 알려진 반도체 생산 회사인 시그네틱스에 의해서 만들어졌다. 그리고 얼마 후, 이 새로운 형식의 저장 장치가 시장에 공급되었다. 초기의 WOM은 단순히 단 한 번만 정보를 기입할 수 있는 일회용의 기억 장치였다. 하지만 높은 생산비 때문에, 그대로는 시장에 내보낼 수가 없었다. 그 사이 MCWOM(Multi Channel WOM)이라는 것도 개발되었는데, 이것은 이른바 'DDR(Data Destruction Rate)' 이라는 시스템으로, 1초당 2~3GB(기가바이트)까지 증대시킬 수 있다.

위키피디아에 따르면, 웜 기억 장치를 처음으로 컴퓨터에 일률 장착시킨 회사는 IBM이라고 한다. 모든 데이터는 운용 시스템에서 '명령어(//SYSOUTDDDUMMY)' 로 직접 저장 장치에 변환되는데 이렇게 되면 영속적으로 읽을 수가 없게 된다. 오늘날의 컴퓨터들은 대부분 특별한 프로그램 인터페이스를 갖고 있는데, 그것으로 사람들은 임의의 많은 정보를(예를 들어, 긴 이메일을) 곧바로 웜 기억 장치에 불러올 수 있는 것이다.

그런데 이처럼 안전하게 보완된 기억 장치인 웜은 얼마 있지 않아 안전성과 관련된 문제에 직면하게 되었다. 가짜 웜Fake-WOMs이라는 기억 장치가 시장에서 갑자기 모습을 드러내기 시작한 것이다. 이것은 정보를 읽을 수 없도록 저장한 것처럼 보이지만, 사실은 이 모조 웜을 만든 자가 그 저장된 정보를 간단히 손에 넣고, 엄청난 손실을 초래할 수 있는 위험성을 가지고 있다. 웜에 저장되어야 하는 정보가 자꾸만 많아짐에 따라, 시디 웜CD-WOMs이라는 새로운 기억 장치가 생산되었다. 이것은 대부분의 컴퓨터 속에 이미 장착되어 있는 주행 장치와 호환이 가능하다. 그리고 거기에는 저장 단계가 끝난 후 모든 정보들을 자동적으로 읽을 수 없게 만드는 특별한 프로그램이 설치되어 있다.

위키피디아의 정보에 따르면, 전문 프로그래머를 위한 웜은 새로 만든 프로그램의 오류를 없애기 위해 비교적 많은 시간이 소요되는 디비깅Debugging 과정에서 큰 보조 역할을 한다. 과거에는 한 개의 오류를 일일이 하나씩 찾아 제거해야 했었지만, 지금은 모든 오류들을 중간 기억 장치에 몰아넣은 다음, 웜으로 다시 옮겨 놓는다. 그런 후 단지 오류가 들어 있는 기억 장치만 떼어내 버리면, 에러프리의 프로그램이 되는 것이다. 그런데 이 기억 장치에는 한 가지 단점이 있는데 그것은 바로 웜의 초과되는 적재량이다. 이 장치의 처분은 곧 환경오염을 의미하기 때문이다. 그러한 이유로 시류에 적합한 RWORs(Resetable WOM)가 확고한 입지를 굳혔는데, 이 장치는 버튼 하나로 모아진 오류들을 파기할 수도 있고, 다시 새로운 오류를 담을 수도 있는 기능이 있다.

귀가 얇은 독자들은 이러한 사실들로 인해 아마 이 웜이 실질적인 원리를 갖고 있지 않고, 또한 응용에 있어서도 별로 적합하지 않다고 생각할지 모른다. 그럼에도 불구하고 시그네틱스사는 웜을 위한 한 데이터 시트를 완성시켰고, 일시적이었지만 회사 카탈로그에서도 볼 수 있었다. 그런데 이 웜 개발은 다음과 같은 국면에 놓이게 되었는데, 그것은 바로 시그네틱사의 한 엔지니어가 다른 동료들을 화나게 만든 것이다. 그 이유인 즉, 그 동료들이 일하는 곳은 그 새로운 칩과 관련된 모든 서류들과 상술 명세서들을 교정하는 부서였는데, 제조 기술과 응용 기술을 제대로 알지 못하면 서류들이 읽기에 너무나 길고 지나치게 형식적이었기 때문이었다. 이에 좌절한 개발 기술자는 이 무능력한 검열자에게 알기 쉽게 설명하기 위해서, 이에 적합한 처방에 따라 새 저장 장치를 위한 데이터 시트를 작성했다. 그리고 그는 '시그네틱스 25120 완벽하게 부호화된 모델, 9046 XN, 무작위 접근 쓰기 전용 기억 장치(Signetics 25120 Model Fully Encoded, 9046XN, Random Access Write Only Memory)' 라고 이름 붙였다. 예를 들어 그는 데이터 시트에서 칩의 적용 범위를 '무기 체계를 위한 검시-기억 장치' 그리고 '지능이 없는 마이크로 제어 장치' 라고 표시했다. 또한 기술 관련 자료에서 과열 방지를 위해 콘돔을 그 접촉 부위에 삽입하라고 지시했다. 이어지는 상세한 지시에서는 칩을 2미터 위의 환기 장치에 놓을 것을 권고하였는데, 실제로 칩에는 '간단히 식을 수 있음' 이라고 기록되어 있었다. 그 밖에 특이 사항은 칩의 블록선도에 한 수도꼭지가 묘사되어 있는 부분이었다. 이러한 비합리성에도 불구하고, 이 데이터 시트는 관계된 '전문가들' 에게 인가를 받았다. 이 이상한 설명서의 본문 역시 회사 카탈로그에서도 볼 수 있었으며, 얼마 후에는 웜 기억 장치 판매를 개시했다. 처음에는 가격과 배달 조건에 대한 손님들의 문의를 시작으로, 이 모든 짓궂은 장난들이 드러나게 되었다. 회사는 새로운 카탈로그를 찍기 위해 서둘렀고, 거기에는 더 이상 웜이 들어 있지 않게 되었다. 회사는 이 사건이 창피스러웠는지 그 황당한 카탈로그를 손님들에게서 회수하려고 했지만, 상황은 생각보다 좋지 않았다. 왜냐하면 그 카탈로그에 적힌 웃음거리가 사람들의 입방아에 오르기 시작했기 때문이었다. 이에 시그네틱스의 매니저는 미덕과 데이터 시트를 위기로부터 구해 내어, 커다란 표제와 함께 〈일렉트로닉스*Electronics Magazine*〉지의 4월호에 기사를 내놓았다. 추가적으로 그들은 전단지도 발행했는데, 거기에는 '유명해지자! 너의 이름을 갖고 있는 WOM을 소유하라!' 라는 문구가 있었다. 이러한 웜의 굴욕적인 사건이 널리 알려졌음에도, 시그네틱스사의 위신은 전혀 손상을 입지 않았다. 오히려 전문가들은 회사의 담력과 유머에 대해서 매우 감탄해 했다. 하지만 아쉽게도 시그네틱사는 현재 더 이상 칩 제조사로 자립해 있지 않다. 네덜란드의 주요 주식회사인 필립스가 1975년도에 이 회사를 인수했고, 후에 그들 소유의 반도체 계열사와 합병시켰다. 하지만 이 웜 기억 장치 이야기는 사람들의 기억에 오래도록 남아 있을 것이다.

웜WOM의 세계에서 여행을 다녀 온 독자가 곧바로 웜스WORMs(Worm은 영어로 벌레라는 뜻—옮긴이)라는 기억 장치를 보게 되면 '이것은 오타가 아닐까?' 라는 의구심이 들지도 모른다. 하지만 의심할 필요는 없다. 왜냐하면 이 의심스러워 보이는 약자 뒤에는 유익한 내용이 숨어 있기 때문이다. 구체적으로 말하자면, 이 약자는 영어식 표현으로 'Writ Once Read Multiple' 이란 뜻인데, 한국어로 최대한 가깝게 번역하면, '한 번만 쓰고, 여러 번 읽기' 라고 할 수 있다. 이 WORM-기억 장치 기술은 안전성을 강화하기 위해 개발되었다. 이 장치에 저장된 정보들은 필요한 만큼 얼마든지 읽을 수 있지만, 변경하거나 덮어쓰는 것은 불가능하다. 이와 같은 저장 형식의 가장 큰 응용 영역은 중요한 문서들과 그림들이 들어 있는 모든 종류의 디지털 기록 보관실일 것이다. 사람들은 그것을 '트루 웜True WORM' 이라고 불렀는데, 물리적인 저장 방법에 의해서 정보가 변경되지 않도록 단단히 고정되기 때문이다. 그리고 소프트웨어가 소프트 웜Soft WORM으로 저장된 정보들을 변경과 덮어쓰기로부터 안전하게 지켜 준다. 어쩌면 이 매력적인 약자는, WORM 저장을 연구하는 전산 정보학이라는 재롱둥이에 의한 말장난에 응용될지도 모른다. 그리고 새로우면서도 유머러스한 '벌레들' 을 생각해 낼 것이다.

모두가 열망하는 프로그램

출판을 위해 발명된 글 생성기

학술 논문을 쓰는 것은 실로 괴로운 작업이다. 보통 이 작업을 하게 되면 적지 않은 시간 압박에도 시달리게 되는데 출판사가 최대한 빨리 완성된 초고를 받기를 원하거나, 중요한 회합이 면전으로 다가와 있을 경우, 강연 출원의 마감 기한이 점점 촉박해질 때와 같은 경우가 많기 때문이다. 이러한 문제들은 다니엘 아궤요Daniel Aguayo, 맥스웰 크론Maxwell Krohn 그리고 제레미 스트러블링Jeremy Stribling에게도 주된 관심사였는데, 이 세 명은 미국의 유명한 매사추세츠 공과대학MIT: Massachusetts Institute of Technology의 전산 정보학과 학생이었다. 그들은 그들 자신과 다른 이들의 삶을 조금 더 편안하게 만들어 주기 위해 한 가지 특별한 컴퓨터 프로그램을 개발하기로 결심하게 되었다. 그것은 포괄적이면서도 독자적인 논문을 산출할 수 있는 프로그램이어야 했기 때문에 첫눈에 봐도 과학적인 토대를 갖고 있다는 인상을 줄 수 있는 것이어야만 했다. 이들은 컴퓨터 앞에 앉아서, '과학 생성 프로그램Sience-Generator' 이라는 제목을 적어 넣었다. 하지만 그들은 쉽게 발각되지 않도록 하기 위해 좀 더 신중을 기하여 약자로 '에스씨아이젠SCIgen' 이라고 이름을 지었는데, 그 이유는 혹시나 나쁜 목적으로 이 프로그램이 이용될까 봐 걱정되었기 때문이다.

그들은 이 계획을 위한 토대로 그 이름을 '개연론의 문맥 자유로운 문법 방식Probabilistic Context Free Grammar Method' 이라고 정하였다. 이것은 옳은 문법과 무오류의 원문을 제조할 수 있으면서도, 자유롭게 내용을 선택할 수 있는 일이 가능한 컴퓨터 프로그램이라고 이해할 수 있게 만든 것이다. 사용자는 각각의 문장 또한 모두 다양하게 구성할 수도 있는데, 예를 들어 사용자가 질문을 할 것인지 아니면 진술을 하고 싶은지에 대해서 선택할 수가 있다. 그 외에도 입력된 단어 그룹을 이용하여 원하는 문장을 만들 수 있다. 마지막으로 사용자는 논문을 특정한 학문적 경향을 나타내기 위해서 단어들을 하나씩 따로 집어넣을 수도 있다. 예를 들어 서론을 위한 문장으로 에스씨아이젠SCIgen은 다음과 같은 내용을 제안한다. "이 논문과 함께 본 저자는 새로운 원리를 통해서 …의 성과가 증대되었다는 것을 증명하고 싶습니다." 이제 사용자는 그 점으로 남겨진 부분에 알맞은 표어만 집어넣으면 되는 것이다. 이렇게 함으로써 이미 학술적인 발표를 위한 첫 발걸음을 내디딘 것이다. 그 밖에도 프로그램은 랜덤 형식으로, 무의식적으로 느껴지지만 의미심장하게 보이는 그래픽과 표들을 첨가시켜 준다.

아궤요, 크론, 스트러블링은 컴퓨터 학문 분야에서 최대한 깊은 인상을 심어 줄 수 있는 사이비 학술 논문을 만들어 낼 수 있도록 에스씨아이젠의 표어 기억 장치에 전산 정보학 관련 전문 용어들을 잔뜩 입력했다. 몇 번의 실험을 거친 끝에 이 작업은 성공할 수 있었고, 이들은 혹시나 이 방법으로 과학 학술 회의록도 제작할 수 있는지 확인하고 싶어 했다. 바꿔 말하자면 전산 정보학 학술회의 주최자가 그들의 회의록을 진지하게 받아들일 수 있는지 알고 싶었던 것이다. 이러한 목적으로 제작된 논문 중 하나는 겉으론 의미 있어 보이지만 속은 비어 있는 다음과 같은 제목이 붙어 있었다. '루터: 접촉점과 중복성의 전형적인 통합을 위한 방법론Rooter: A Methodology for the Typical Unification of Access Points and Redundancy'

두 번째 논문의 표제 역시 이에 못지않은 심오한 주제를 다루고 있었는데 그 제목은 '네트워킹상의 개연론과 영향The Influence of Probabilistic Methodologies on Networkings' 이었다. 논문에서 이어지는 맵시 좋은 문장들에는 인공지능과 같은 부류나 하드 또는 소프트웨어 발전의 소산에서 나온 전문 용어들이 매우 현란하게 섞여 있었다. 때문에 비전문가에게는 이러한 논문이 완벽하게 이론적으로 보일 것이다. 펜실베이니아대학의 전사 정보학자 카일리언 웨인버거Kilian Weinbeger는 그 루터 논문을 받아 읽어 보았고, 이를 승인하면서 다음과 같이 말했다고 한다. "이 문서들은 정말 잘 만들어졌습니다. 하지만 조금이라도 조예가 깊은 사람이라면 분명히 알아챌 것입니다. 이것이 명백히 말도 안 되는 헛소리라는 것을 말입니다." 이와 같은 격찬을 받은 그들은 자신들이 만든 그 단어 조합을 개연론의 논문으로 정리하여 관련 협회에 보냈다. 그 협회는 2005년 7월 플로리다 올랜도에서 개최될 체계학, 인공두뇌학 그리고 전산 정보학의 9번째 세계종합회의(WMSCI: World Multi-Conference on Systemics, Cybernetics and Informatics)를 주최하는 기구였다. 4월 13일에 학생들은 네이깁 칼라오스Nagib Callaos라는 교수로부터 희소식을 담은 한 이메일을 받게 되었다. 메일에는 바로 그들의 논문 중 하나가 승인되었으며, 때문에 그들이 회의에 초대받았다는 내용이 들어 있었다. 이 세 명의 학생들은 이와 같은 성공에 매우 기뻐했으며, 이 사실을 비밀에 부치고 싶지 않았기에, 테크닉 보도로 전문화된 인터넷 매체인 '슬래쉬닷Slashdot'에 그에 따르는 증거들을 넘겨주었다. 이 정보는 이미 네트워크상에 속보로 들어가게 되었고, 국제 보도국은 이를 신속하게 낚아챘다. 이틀 후에는 〈뉴스 인 사이언스*News in Science*〉에서 다음과 같은 표제 아래 상세한 보도가 나가기 시작했다. "이론을 갖춘 사이비 논문이 학술회의를 비웃다." 이 이야기는 짧은 시간 내에 WMSCI 협회 주최자들의 귀에 들어가게 되었고, 그들의 논문의 승인은 즉각

철회되었다. 칼라오스 교수는 수치를 느끼며 이 사건에 대해 사과했고, 말도 안 되는 이 논문을 비평서와 함께 세 명의 연구원들에게 보냈었지만, 적시에 응답이 오지 않았다고 말했다. 그리고 보도에는 세 명이 감정인의 부주의 때문에 피해를 받지 않도록 하기 위해 '재조사되지 않음'이라는 표시까지 남겼다고 했다. 이는 엄청난 시간 압박에 시달리는 학술회의 준비 과정에서 일어날 수 있는 통례적 절차일지도 모른다.

한편, 이 MIT 학생들은 논문 낭독 자격을 뒤늦게 박탈시킨 주최자들의 결정을 받아들이지 못하여 회의에 자비로 참석할 것을 신청했다. 하지만 비위가 상한 주최자들은 그들의 신청을 승인해 주지 않았다. 이에 맞서 이 트리오 학생들은 인터넷에 후원을 요청하는 성명을 발표했는데, 그것은 자신들의 논문을 발표하기 위해 학술회의가 열리는 호텔에 투숙할 때 드는 비용을 후원해 달라는 것이었다. 얼마 지나지 않아 후원 통장에는 2400달러(US)가 모아졌고, 계획을 실행하기 위한 재정상의 채비가 해결된 이들은 올랜도를 향해서 출발할 수 있었다. 그런데 그들의 등장이 인터넷상에 널리 알려졌음에도 그 성공은 매우 약한 것이었다. 학생들은 재미있는 강연을 연출하기 위해서 정말 많은 노력을 기울였지만 단 한 명의 청중만 사이비 학술 강연에 관심을 나타냈다. 그들의 에스씨아이젠 프로그램에는 '여섯 번째 방법론에 의한 미국 북부 연례 토론회6th Annual North American Symposion'라는 강연 주제가 붙게 되었다. 이런 위엄 있는 이름 뒤에 이어서 그들은 흥미로운 제목과 함께 자동적으로 제공된 세 개의 논문을 소개했다: (1) Harnessing Byzsantine Fault Tolerance Using Clssical Theory; (2) Synthesizing Checksums and Lambda Calculus using Jog; (3) On the Study of the Ethernet. 그와 동시에 학생들 중 한 명은 등장할 때에 알베르트 아인슈타인처럼 변장까지 하였다. 이 모든 사건들은 비디오카메라에 잡혔고, 이 영상은 인터넷상에 오르게 되어 오늘날까지도 우리의 눈을 즐겁게 하고 있다.

그 트리오는 고향으로 돌아오는 길에 자신들의 노력이 맺은 결실에 대해서 토론을 벌였고, 자동 제작된 논문이 시장에 나가기에는 아직 미숙한 것 같다는 결론을 내리게 되었다. 그리고 그들 중 한 명은 자기 비판적이 되어 다음과 같이 말했다. "우리는 우리의 프로젝트를 새롭게 다시 한 번 깊이 생각해야 해. 사람들이 기대하는 건 보다 더 실제적인 것일지도 몰라." 그래서 이 세 명은 에스씨아이젠 프로그램을 그들의 홈페이지에 낱낱이 공개했다. 이는 그 세 명의 학생들이 모든 분야의 학자들에게 형식과 내용에 대해서 깊이 생각할 필요 없이 논문을 제작할 수 있는 기회를 주기를 위함이었다. MIT 트리오는 에스씨아이젠의 특이한 사용 의의를 다음과 같이 설명했다. "이 프로그램의 실용적인 목표는 당신이 매우 낮은 제출 규정을 갖고 있다고 생각하는 학술회의를 위한 논문을 자동으로 작성하는 것에 의의를 두고 있다." 여기에 언급된 회의는 아마도 WMSIC-학술회의임이 분명하다. 사실 에스씨아이젠 사건 전에도 이미 전문가들

사이에서는 그것이 공공연한 일이었지만, 이제껏 단 한 번도 확실히 증명된 적은 없었다. 때문에 그 학술회의는 외관상으로도 거의 바닥에 다다른 것처럼 보였다. 그런데 뉴욕대학교와 캘리포니아대학교의 데이비드 매져David Maziéres와 에디 콜러Eddie Kohler는 여러 차례에 걸쳐 세 학생들에게 WMSIC를 위한 논문을 보내 줄 것을 요청했다고 한다. 그러자 평안을 찾기 위해서, 그들은 10장의 문서들을 전송함으로써 반응을 보였다고 한다. 그리고 문서에는 다음과 같은 단 한 문장만이 서술되어 있었다. "나를 좀 너의 그 빌어먹을 메일링 주소에서 빼 줘!Get me off, your fucking mailing list!" 이 문장은 4,813번이나 반복해서 적혀 있었고, 문서 전체가 학술 논문 양식을 갖추고 있었다. 저자들은 약간은 단조로운 원문을 서론과 여러 개의 주요 부문으로 꼼꼼하게 세분화하였고, 요약 부문과 마찬가지로 문헌 목록까지 덧붙였다. 게다가 거기에는 두 개의 그림까지 수록되어 있었는데, 하나는 그 문장을 순서도로, 다른 하나는 좌표축의 형태로 그려져 있었다. 물론 지금까지 이 논문이 WMSIC-학술회의에 받아들여졌는지에 대해서는 아직까진 별다른 보고가 없다.

동물 정보학

호밍베어거(호밍산)의 치타송어

지난 해 독일어권 인터넷상에서 '호밍산의 치타송어'처럼 큰 역할을 수행한 동물은 없을 것이다. 이와 같은 커다란 유명세는 2005년 4월 16일에 열렸던 검색 엔진 최적화 대회 덕분이었다. 복잡하게 들리는 단어 표현 때문에 영어식 약자로 'SEO'를 사용하는데, 이는 'Search Engine Optimization'의 줄임말이다. 대회의 주최 측은 하이제 출판사의 유명한 컴퓨터 잡지인 〈c't〉이었다. 이 대회는 검색 엔진 제공자인, 구글Google, 야후Yahoo, 씩포트Seekport 중에서 주어진 테마를 가장 먼저 찾는 사람을 비교 실험을 통해서 가려내는 것이었다. 대회의 시행일은 주최 측에 의해서 2005년 5월 15일과 12월 15일 11시로 정해졌다. 이 행사는 원래 다양한 인터넷 검색 사이트 중 순위 안에 드는 엔진들이 여러 최적화 전략 효과를 향상시키는 데 쓰인다. 그런데도 사람들은 하이제 출판사로부터 자사 제품을 위한 광고 효과를 예상했을 것이다. 하지만 검색 엔진 비교 실험을 위한 중요한 준비 사항 중 하나로, 참가 엔진사들 사이에서는 지금까지 단 한 번도 입력되지 않은 정보 중 하나의 개념이 선택되었는데 그 이유는 모든 참가자들이 똑같은 출발점인 0에서 시작하기 위함이었다. 〈c't〉의 편집부는 오랜 시간 브레인스토밍을 거친 끝에 환상적이지만 내용은 없는, 그저 단어의 합성에 불과한 '호밍산의 치타송어Die Hommingberger Gepardenforelle' 라는 단어를 만들어 냈다. 물론 '호밍산' 이나 '치타송어' 와 같은 단어는 구글과 그 외의 경쟁사의 검색창에서 실제로 존재하지 않는 것을 확인한 후에 만들어진 것이었다.

이번 대회에 상금이 걸려 있지 않음에도 불구하고, 공고에 대한 폭발적인 반응이 일어나자 하이제 출판사는 즐거워할 수 있었다. 이와 관련하여 언론 매체들 또한 대회의 진행 과정에 대해서 상세히 다루었다. 예를 들면 슈피겔Spiegel 온라인에서는 이미 2005년 4월 25일에 '세계에서 가장 성공한 물고기' 라는 제목으로 기사를 내보냈다. 이에 반해 〈쥐트도이췌*Die Süddeutsche*〉 신문은 겨우 7월이 되서야 검색 엔진 랭킹에 관한 포괄적인 보도를 전했다. 이렇게 상당히 늦은 테마 접근은 오히려, 논평이 될 만한 중간 결과를 제공할 수 있다는 이점이 있었다. 또한 각각의 보도를 통해서 대회의 진행에 영향을 줄 수 있는 위험을 조금이나마 낮출 수 있었다. 예를 들면 한 참가

측은 슈피겔 온라인에 맹렬하게 불만을 호소했다. 그 이유인 즉, 4월 25일의 기사에서 자회사의 송어 사이트가 충분히 설명되지 않았기 때문에 경쟁사들에 비해 불이익을 받았다는 것이었다.

대회가 시작하고 얼마 지나지 않아 검색 엔진들 사이에서는 억지로 끼워 맞춘 이 시험용 단어의 검색 횟수가 폭발적으로 증가하기 시작했다. 4월 20일 야후는 이미 213,000개의 검색 결과를 제시했고, 구글은 확연한 차이로 143,000개의 증명된 사이트를 제시했다. 그리고 야후는 가까스로 47,000개의 확인된 사이트를 추가로 더 찾아냈다. 하지만 씩포트는 같은 날 겨우 57개의 검색 결과를 제공하였다.

첫 번째 대회 시행일에(2005.5.15) 구글은 한 층 더 증가한 거의 3백만 개의 검색 결과를 제시함으로써 우승자 자리를 확실히 자리매김 했다. 그리고 2위는 약 50만 이상의 검색 결과를 제시한 야후가 차지했다. 한편 씩포트는 엄청나게 빠른 추격으로 65,000개라는 검색 결과를 달성할 수 있었고, 엠에스엔MSN은 겨우 32,000개의 검색 결과로 순위 밖으로 밀려 나갈 가능성이 많아 보였다.

두 번째 대회 시행일에서는(2005.12.15) 검색 결과 비율에 의한 엔진들 사이의 순위가 첫 번째 시행일과 같았다.

그런데 최고점에 도달했을 때의 차이는 놀라운 결과를 가져왔다. '구글은 9월 20일에 8,820,000개의 검색 결과를 제공했었고, 그 이후로는 검색 수가 계속적으로 줄어들었다. 야후는 8월 23일에 최고점이 1,280,000에 달했음을 알렸고, 그러고는 역시 감소했다. 씩포트는 상대적으로 천천히 시작했지만 2006년 1월 12일까지 가까스로 120,000라는 검색 결과에 도달했다. 그러고 나서 2006년이 지나면서 조금씩 감소했다. 엠에스엔은 이미 5월 20일에 약 187,000개의 검색 결과로 최고점에 도달했다. 그런데 이 일은 첫 번째 대회 시행일에 겨우 32,000개의 결과에 그친 후, 며칠이 지나지 않아 발생한 것이었다. 하지만 이 사이트 역시 이러한 급격한 상승 이후에, 다른 사이트와 거의 비슷한 속도로 다시 아래로 곤두박질쳤다.'

놀랍게도 새로 만들어진 '호밍산의 치타송어'라는 단어는 2005년 4월 25일에 이미 구글에서 568,000번 검색됨으로, 오래전부터 있어온 현존 단어인 '송어'와 '치타'를 능가했다. 새 단어에 비해 이 두 단어의 검색 횟수는 고작 520,000회와 322,000회였다. 물론 그 사이에 진짜 단어가 다시 선두 자리를 탈환했다. 예를 들어 2007년 8월 13일에 구글에서 그 인터넷상의 특별 물고기가 겨우 320,000회 검색되었다. 이러한 비슷한 전개들은 다른 검색 엔진들에서도 관찰되었다.

무엇보다 이 대회에서 가장 큰 이슈가 된 것은 구글과 그 밖의 인터넷 회사들 중 어느 인터넷 사이트가 2005년 12월 15일에 있는 공식 최종 결과에서 최고의 자리를 차지할 것인가 하는 점이었다. 또한 사람들은 그들이 어떤 전략과 내용물로 성공할 수 있었는지에 대해서도 궁금할 것임이 분명했다. 경쟁자 외에 하이제 출판사도 'http://www.hommingberger-gepardenforelle.de'라는 웹사이트를 갖고 있었는데, 이 사이트는 처음부터 선두로 시작했기에 큰 이점을 갖고 있었다. 그래서 모든 검색 엔진들 사이에서 그 사이트는 당연히 선두 그룹 대열에 올라섰고, 결국 구글이 첫 번째 자리를 차지했다. 그들은 19세기에 호밍베어거(베어그-산, 그리고 뒤에 오는 명사에 따라 후미가 변화함—옮긴이) 지방에서 온 '환상적으로 스케치된 물고기' 에 대해서 이미 언급한 바 있다. 그들에 의하면 그 물고기가 '새처럼 빠르게 헤엄쳐 사라졌으며, 혀에서는 녹아 사그라졌다' 고 설명했다. 오로지 호밍베어거 지방에서만 성장하는 것으로 여겨지는 치타송어는 호밍산으로부터 시작하는 유난히 맑은 강물 슈라우Schrau 때문인 것으로 알려졌다. 이러한 전반적인 보충 해설은 그곳에 정착하고 있는 송어 양식업자 다누버Danuber 씨가 진술한 설명으로서 그는 벌써 7대째 치타송어들을 양식하고 있으며, 송어를 위한 요리법까지 제공해 줄 정도였다.

위키피디아에 나오는 내용도 하이제 출판사의 인터넷 사이트와 비슷하게 잘 따와서 붙인 것이다. 위키피디아는 무상 인터넷 백과사전 중에서 가장 높은 유명세로 큰 이득을 보고 있다. 'http://de.wikipedia.org/wiki/Hommingberger_Gepardenforelle' 라는 주소 아래에 총체적인 프로젝트에 대해서 객관적으로 설명하고 있다. 물론 새로 탄생한 '인터넷 물고기' 에 대한 환상적인 이야기를 떠벌리지 않고 말이다.

그런데 사실 유리한 위치를 차지한 것은 비단 구글만이 아니었다.

웹사이트 www.hommingberger-gepardenforelle.net는 이미 첫 번째 대회를 실시한 날에 1위를 차지했으며 최종 평가에서도 마찬가지로 선두를 획득했다. 그 사이트는 신생 송어 종류에 대해서 많은 정보를 제공했는데, 그것은 부분적인 면에서 하이제 출판사의 정보와 대조를 이루기도 했다. 예를 들어 'net-사이트'는 대부분 관광객들의 구설에 따른 치타송어 정보를 제시했고, 송어의 기원도 '호밍산을 둘러싼 구글 바다'라고 명시했다. 게다가 'net-사이트'는 제일 큰 치타송어가 태평양에 위치한 하와이의 북서쪽에서 발견되었으며, 길이가 250평방킬로미터에 달한다고 전했다. 물론 이러한 언급은 받아들이기 힘든 것으로 다시 한 번 검증되어야 할 필요성이 있다. 또한 치타송어 단편소설과 상상의 물고기를 위해 헌정된 노래까지 제공함으로써, 이 웹사이트에서는 인터넷-물고기가 문화상으로 합당한 존대를 받았다. 다음은 가슴을 적시는 8개의 절 가운데 1절의 내용만을 기록해 놓은 것이다.

실개천 속 밝은 빛,

쏜살같이 움직이며 서두르는

변덕스러운 송어

화살처럼 지나가네.

송어 대회에서 거둔 가장 큰 성공은 그동안 'net-사이트'의 구상

작가들이 개인 회사를 설립했고, 웹사이트를 만들 때 필요한 그들의 전문적인 노하우를 제공하는 데 큰 기여를 했다는 점이다.

적중에 성공한 사이트 대열에는 'www.hommingberger-gepardenforelle-page.de' 도 함께 끼어 있다. 이 사이트는 치타송어의 생활양식에 대해서 상대적으로는 적은 정보를 제공하지만, 사람들이 치타송어를 찾아갈 수 있는 주소 목록을 올려놓았다. 그런데 그 주소 목록에는 적절한 경고의 메시지도 첨부되었는데, 이유인즉 치타송어가 메뉴판에 올라와 있는 대부분의 레스토랑들은 상당히 험악한 풍속을 갖고 있기 때문에 불만과 함께, 사람들이 찾아가기를 꺼린다는 것이다.

'www.hommingberger-gepardenforelle.zielbewusst.de' 사이트도 꽤 널리 알려졌는데, 이 사이트는 로그인을 해야만 이용할 수 있다. 이 사이트는 상상에 의한 그 물고기의 현재 모습을 알고 있으며 그 기원에 대해서는 다음과 같이 설명했다. "호밍산의 치타송어는 아주 특별하며, 거의 존재하지 않는 생명체이다. 그 송어는 지금까지 거의 조사되지 않았으며, 구글 바다와 야후 대하 속 깊은 곳에서 생존한다."

대회에서 성공한 또 다른 사이트들은 시간이 흐름에 따라 사라지거나 난관에 부딪쳤다. 이로 인해 이 신비의 물고기에 관한 정보를 더 이상 이용할 수 없게 되었는데 어쩌면 최악의 경우로는 이 정보가 완전히 사라졌을지도 모른다.

송어 연구에 대한 학문적 수확은 모두 따져 봐도 그리 대단한 것이 아니다. 물론 다양한 검색 엔진들 사이에서 다방면으로 최고였던 엔진의 자리가 밝혀지기는 했지만, 여전히 그 동기가 불투명한 채로 남아 있다. 한 참가자는 시인하기를, 자신은 최적화 전략에서 전적으로 구글을 상대로 구상했으며, 그 이유는 그 검색 엔진이 그에게 직업상 라이벌이기 때문이라고 말했다. 당시 참가했던 검색엔진들은 조금은 엄밀하지 못했던 평가 결과에 불만족스러워 했다. 그 외에도 참가자들의 여건이 완전히 통일화되지 않았으며, 특히 각각의 사이트들이 언제까지 존재했는지에 대해선 전혀 고려가 되지 않았다는 비평도 있었다. 그는 그 까닭이 당시 정해진 시간 자체가 검색 결과 전체에 커다란 영향을 주었기 때문이라고 덧붙였다. 또 다른 비평가는 대회덕분에 하이제 출판사가 얻은 광고 이익에 대해서 화가 난 듯 불만을 토로했는데, 행사 진행자가 직접 검색 엔진 최적화 영역에 참여했기 때문이라고 주장했다. 더군다나 마지막까지 '이와 비슷한 실험이 이미 존재했었기 때문에 이 대회가 특별히 독창적이지 않다' 고 인정하는 듯한 언급은 전혀 없었다고 했다.

예를 들어 2002년에 이미 한 검색 엔진의 인덱스에서는 아직 등록되지 않은 합성 단어를 찾는 데 걸리는 시간이 얼마나 되는지를 알아보기 위한 실험으로, '커틀릿과 감자 샐러드' 라는 표어를 사용했다. 거기에서부터 비공식의 대회로 발전하여, 어떤 커틀릿 웹사이트가 다양한 검색 엔진 사이에서 우승을 차지하는가를 밝혀내게 되었다. 오늘날에도 구글에서 그 단어로 10,000개가 넘는 검색 결과를 찾을 수 있으며, 다른 검색 엔진에서도 약 1,000개 정도의 결과를 볼 수 있다.

영어권 나라에서도 2004년 봄에 처음으로 '흑인 특유의 울트라마린negritude ultramarine' 이라는 난센스 검색어로 검색 엔진 대회가 치러졌다. 그리고 같은 해 가을에는 그와 비슷한 행사가 '세라핌 자부심 있는 오리seraphim proudleduck' 라는 단어로 이어서 개최되었다. 마찬가지로 2005년에도 'loquineglupe' 와 함께 한 대회가 치러졌다. 이러한 실험들이 학문적인 관점에서는 비록 별다른 새로운 결과를 가져오진 못했지만, 지금도 사람들은 이 모든 무의미한 단어 창작물에 관해 인터넷에서 온갖 '정보' 를 찾을 수 있다. 그리고 아무것도 모르는 네티즌들은 그중의 정보를 진실로 받아들일지도 모른다. 누군가를 능수능란하게 놀리기를 원하거나 만우절 농담을 계획하고 있는 모든 유머러스한 사람들을 위해서 지금 여기에 끝이 없는 원천 하나가 존재한다고 볼 수 있다.

인류학, 생물학, 의학의 놀라운 이야기

원시 아메리카인?

칼라베라스 해골 이야기

1866년 2월 25일 볼드 마운틴 속을 지나가는 금광맥 안의 깊은 곳에서 한 작업자가 인간의 해골을 발견했다. 그 산은 캘리포니아 지역을 가로지르는 칼라베라스 강으로 유명한 칼라베라스 컨트리에 속해 있는 지역이다. 다름 아닌 브리엘 모라가Gabriel Moraga라는 학자가 이 강과 함께 물가에서 많은 해골들을 발견한 것이다. 칼라베라스가 스페인어로 '해골' 이라는 뜻이기 때문에, 모라가는 강에 이 이름을 붙였다. 그리고 금광에서 나온 해골은 '칼라베라스 해골' 이라는 명칭이 붙게 되었는데, 이를 해석하면 '해골, 해골' 이라는 이름이 된다.

광부의 말에 따르면, 그 발견 장소는 지면 아래로 약 40미터 정도

내려간 곳이고, 용암층으로 덮여 있었다고 한다. 금광의 소유주인 제임스 마티슨은 그 해골을 어느 한 중개인에게 넘겼고, 그는 그것을 다시 의사인 윌리엄 존슨에게 주었다. 그런데 그 해골이 존슨의 관심을 끌게 되었고, 그는 지질학을 감독하는 관청에 관련 사실을 편지로 써서 보내기로 결정했다. 편지에서 그는 자신이 아는 모든 사실을 알렸고, 혹 그 해골을 정확히 조사할 수는 없는지 문의했다. 당시 관청의 감독자는 지질학자 조쉬아 D. 휘트니(Joshia D. Whitney, 1819~1896) 박사였다. 그는 또한 교수로서 당시에도 매우 명성이 있던 캠브리지, 매사추세츠에 있는 하버드 대학교에서 학생들을 가르치며 연구에 임했던 사람이다. 그는 아메리카의 지질학에 대해서 수많은 주요 서적들을 집필했으며, 시에라네바다에 위치한 4,000미터 높이의 산에 그의 이름이 붙여질 정도로 명성을 날렸다. 휘트니는 고생물학에도 관심이 많았기 때문에, 그 해골을 정밀하게 관찰하고자 했다. 그런데 긴 운송 경로로 인해 1886년 6월 29일이 되어서야 그는 겨우 해골을 손에 넣을 수 있었다. 면밀하게 세척하고 해골을 조사한 후, 휘트니는 해골에 붙어 있었던 광물을 근거로 그것이 대단히 오래된 인간의 해골이라고 확신했다. 그래서 그는 1866년 7월 16일 캘리포니아의 과학 학술원의 한 집회에서 그 해골을 소개했고, 그것이 선신세(鮮新世 : 제3기 최신세)에서 나온 것이라고 주장했다. 그 말은 이 해골이 적어도 200만 년이나 지난 오래된 유물이라는 뜻인데, 그렇다면 그 칼라베라스 해골이 미국에서뿐 아니라, 전 세계에서 가장 오래된 인간의 유골일지도 모른다는 의미인 것이다. 당연히 이러한 주장은 세간에 큰 파장을 불러일으켰다. 왜냐하면 당시 대부분의 사람들은 그때까지도 성경의 창조역사를 믿고 있었고, 인간은 수천 년 전에 신에 의해서 창조되었다고 믿었기 때문이다. 이미 몇 해 전에 찰스 다윈이 진화론을 공표했었지만, 많은 학자들조차도 그것이 인간의 진화에는 맞지 않다고 생각했었다. 한 예로 유명한 독일의 병리학자인 루돌프 피르코브Rudolf Virchow는 1856년에 발견된 몇 백 년 전의 네안데르탈인만을 인정했다.

칼라베라스 해골에 관한 논쟁은 다음과 같은 의문을 불러일으켰다. '그 해골이 진짜 학문적으로 의미가 있는 것인가? 혹시 광부가 과학자들을 골리기 위해 장난을 꾸민 것은 아닌가?' 예를 들어 1869년 샌프란시스코의 한 신문에서는 다음과 같이 소식을 전했다. "우리는 이 모든 사건이 과학사에서는 아무런 의미가 없다고 생각한다. … 한 장관의 진술에 의하면, 당시의 광부들이 그에게 모든 것을 솔직하게 털어놓았는데 바로 그들이 휘트니 박사를 골리기 위해 이 모든 것들을 의도적으로 꾸몄다는 것이다." 그리고 얼마 후 다른 신문에도 기사가 났다. "모두가 휘트니를 골탕 먹인 것에 대해서 기뻐했다. 그 박사는 동쪽 출신인데다가 새치름하게 행동했었기 때문에 광부들 사이에서 매우 비호감적인 인물이었다." 그리고 1879년 하버드 대학교에서 휘트니의 한 동료인 토마스 윌슨이 행한 불소 분석을 통해서, 그 해골이 근대에 형성된 것이라는 결과가 나왔다.

위조품이라는 증거들이 계속 나왔고, 미국의 유명한 작가 브렛 하트(Bret Harte, 1836~1902)는 '선신세기 해골에게' 라는 제목으로 조롱하는 시까지 써 냈다. 하트는 2개의 연에서 이 모든 발견사와 그로부터 전개된 과학적 가설에 대해서 몹시 비웃는 듯한 어조로 시를 썼다.

그럼에도 불구하고 휘트니는 '해골은 진짜' 라는 자신의 주장을 끝까지 밀고 나갔다. 그리고 1880년에 '캘리포니아 시에라네바다에서 나온 금을 함유한 자갈' 이라는 제목으로 책을 집필했다. 책에는 자갈층에서 발견된 인간의 화석과 공예품들이 수록되어 있었다. 이외에도 그 지방에서 화산 활동이 끝나기 전부터, 인간이 현존했었을 것이라는 학설을 내세웠다. 미국의 첫 번째 인류학자이자, 휘트니처럼 하버드에서 학생들을 가르쳤던 프레드릭 W. 풋넘(Fredric W. Putnam, 1839~1915)도 그 해골의 발견과 감정 연대가 사실이라고 믿었다. 그래서 1901년에 그는 최후의 진실을 밝혀내고자, 캘리포니아로 조사 여행을 떠났다. 그곳에서 그는 1865년, 근처 한 공동묘지에서 '몇몇 오래된 인디언의 해골들이 파헤쳐졌으며, 그중 하나가 광부들에게 발견될 수 있도록 금광으로 옮겨졌다' 는 이야기를 듣게 되었다. 그럼에도 풋넘은 해골이 모조품이라는 사실을 인정하지 않고 다음과 같이 언급했다. "그 해골이 특정한 곳에서 발견되었다고 확신할 수 있는 것은 불가능한 일입니다." 이와 같은 진술에 영향을 받아 칼라베라스 해골과 발견 당시의 기록에 대한 면밀한 조사가 다시 한 번 이뤄졌다. 그 결과에 의하면 아마도 휘트니는 애당초 금광에서 발견된 해골을 갖고 있지도, 또한 조사하지도 못했을 것이라고 한다. 풀어 말하자면, 해골이 광부들에게 발견된 후, 휘트니에게까지 계속 전달되는 과정에서 어느 순간 바꿔치기가 발생했다는 것이다.

1911년 지질학자 존 M. 보트웰John M. Boutwell이 칼라베라스 해골 사건에 대해서 조사했다. 그때 그는 당시 발굴에 참여했던 한 광부로부터, 이 모든 것이 사기에 지나지 않다는 것을 다시 한 번 확인을 통해 듣게 된다. 게다가 해골에 붙어 있다던 광물도 발견 장소로 명시되었던 금광으로부터 나온 것이 아니라는 것이 밝혀졌다.

1992년 테일러R. E. Tailor는 연대 측정을 하는 방법 중 한 가지로서 방사성 탄소를 이용해, 해골과 함께 발견된 뼈들이 최고 2100년 이상 된 것이라는 사실을 증명해 냈다. 하지만 안타깝게도 해골 자체가 조사될 수는 없었다.

오늘날까지도 창조론자들은 칼라베라스 해골 사건에서 일어난 수많은 비합리성을 오직 자신들만의 입장에 끼워 맞춰 주장하곤 한다. 그들은 해골이야말로 진화론 옹호자들이 자신들의 세계상에 맞지 않는 유물을 부인하는 전형적인 한 가지 예라고 주장했다. 하지만 이러한 비난은 창조론주의자들에게 더 큰 범위로 되받아 적용시킬 수 있다. 그들 또한 인간의 진화 과정을 뒷받침해 줄 수 있는 좋은 증거들을 인정하고 있지 않기 때문이다. 바꿔 말하자면, 그들은 성경의 창조 역사는 과학적으로 더 이상 적용시킬 수 없으며 궁극적으로 믿음의 영역에서만 머물러야 한다는 것을 부정하고 있다.

미국의 역사학자인 랄프 덱스터Ralph Dexter는 1986년 칼라베라스 해골에 대한 논쟁을 역사적인 관점에서 다시 한 번 철저하게 다룸으로써 다음과 같은 결론을 유추했다. "일부 광부들에 의해서 사기극이 일어났다. 북아메리카의 오래된 인류의 존재를 증명하고자 하는 고고학자의 갈망이 … 그리고 해골의 바꿔치기로 인한 혼란은 오랜 논쟁으로 치달았고, 이는 아메리카 고고학 연대기에 유례가 없는 사건이 되어 버렸다."

자칭 가장 오래된 아메리카인을 둘러싼 장기 전쟁의 주인공이었던 해골은 현재 미국 매사추세츠에 있는 유명한 피바디 박물관Peabody Museum에 보존되어 있다.

카디프의 거인

아메리카 대륙의 거인들

뉴욕 주에 위치한 빙엄턴 출신의 시가 제조업자 조지 헐George Hull은 원래 무신론자이다. 그런데 성경에 들어 있는 한 가지 문구가 그의 생애에 지대한 영향을 끼치게 되었다. 1868년 연초에 헐은 한 원리주의적인 설교자에게서 성경에 나오는 창세기 6장 4절에 관해 듣게 되었다. 거기에는 다음과 같은 구절이 적혀 있었다. "하느님의 아들들이, 인간의 딸들과 한자리에 들어 그들에게서 자식이 태어나던 그때와 그 뒤에도 세상에는 거인족이 있었다. 그들은 옛날의 용사들로서 이름난 장사들이었다." 설교 후에 헐은 그 설교자와 함께 거인의 존재에 대해서 맹렬하게 토론을 벌였다. 그는 잠자리에 든 후에도 잠을 제대로 청할 수가 없었다. 그는 완고한 설교자와 벌인 논쟁에 대해서 계속 골몰하였다. 순간 그에게 한 가지 아이디어가 떠올랐고, 그는 지체 없이 그것을 실행에 옮겼다.

헐은 아이오와 주의 포트 닷지에 위치한 한 채석장에서 무게가 2톤이 넘는 커다란 석고 덩어리를 사들였다. 그리고 의심을 사지 않기 위해, 그는 뉴욕에 설치될, 한 아브라함 링컨의 기념상을 만들 것이라고 넌지시 일러 주었다. 하지만 헐은 많은 경비를 들여서 그 석고 덩어리를 시카고에 있는 독일계 석공인 에드워드 버그하트에게 가져갔다. 그것으로 조각가는 3미터가 넘는 한 대머리의 남자 조각상을 만들었는데 거인의 얼굴은 고용인의 얼굴을 따서 조각했다. 또한 거기에 오랜 세월의 흔적이 느껴지는 혈관들을 연상케 만드는 어두운 줄무늬들을 그려 넣음으로써, 조각상이 사실적으로 보이게 표현했다. 그 외에도 판자 못으로 가공하여 석상의 표면을 털구멍이 있는 피부처럼 그럴싸하게 나타냈다. 헐은 석상 형태의 오래된 마모현상을 인공적으로 나타내기 위해, 황산을 강하게 뿌리기도 했다. 그리고 나서 그는 석상을 그의 친척이었던 윌리엄 뉴웰William Newell의 농장으로 몰래 옮겨 놓았다. 그의 농장은 뉴욕 주에 있는 시라큐스 도시에서 약 20킬로미터 정도 떨어진 카디프마을과 가까웠다. 당시 뉴웰은 이미 몇 년 전부터 자금난에 시달리고 있었기 때문에, 그 계획에 동참하는 것은 재정적인 향상과 농장을 유지를 하는 데 필요한 돈을 얻을 수 있는 더 없는 기회였다.

어느 안개 낀 밤 헐과 뉴웰은 헛간 뒤에 석상을 묻었는데, 그들의 곁에는 이 범행에 대해 침묵을 지킬 것을 지시받은 두 명의 인부가 동원되었다. 그리고 이 사기꾼들은 석고 인간을 1년 동안 방치해 두었다가, 우물을 파다가 우연히 이 석고 인간을 발견한다는 시나리오를 세웠다. 그런데 이렇게 계획된 예정일 전날에 근처에 살던 다른 한 농부가 쟁기질을 하다가 오래된 뼈를 발견하게 되었다. 코넬 대학교의 학자들은 이 발견물을 감정했고, 그것이 고고학적으로 매우 가치가 있다고 평가를 내렸다. 사람들의 이목이 이 발견물에 집중되어 있었으므로, 헐은 자칭 '우물 공사'라고 불리는 이 계획을 일찍 시작하기 위해, 이 시점에서 그의 친척에게 그다음 진행 과정을 위임했다. 그리하여 1969년 10월 15일에 이 우물 공사꾼들은 계획대로 일을 진행했고, 신속하게 '충격적인 발견'에 대해서 매체에 알렸다.

그 결과, 세상 사람들은 예상을 뛰어넘는 큰 관심을 보였고, 시작부터 사람들은 무리지어 물밀듯이 발굴지로 몰려들었다. 그러는 사이 뉴웰은 발굴지 맞은편에 한 천막을 지었고, 처음에는 방문자들마다 20센트씩 받았었다. 그런데 구경꾼들의 수가 날이 갈수록 늘고, 뉴욕에서도 오는 방문자가 있게 되자, 사업 수완이 좋은 뉴웰은 입장료를 50센트로 인상했다. 또한 그는 강연 활동을 하면서 돈을 벌었는데, 거기에서 그는 거인 석상의 '우연한' 발견 상황을 환상적으로 묘사했다. 신문사들 또한 전국적으로 이 흥미진진한 이야기에 대해서 상세하게 보도했다. 예를 들면 한 리포터는 다음과 같이 설명했다. "만약 누구든지 이 거인을 본다면, 자신의 옆에 한 어마어마하게 큰 생물이 서 있다는 느낌을 부정하지 못할 것이다. 거인의 주위를 둘러싼 군중들 모두는 할 말을 잃었고, 농담 하나 하는 이가 없었다." 또한 많은 교회 관계자들도 깊은 인상을 받았는데, 그들 중 한 명은 경외심에 가득 차서 이렇게 말했다. "이것은 사람이 만든 것이 아닙니다. 지구상에 살았었던 하나님의 정확한 모사로서, 신의 자녀들 중 한 명의 얼굴입니다."

몇 주가 지나도 방문자의 관심이 계속적으로 뜨거워지자, 헐은 거인과 관련된 지분을 말 중개업 관련 기업가 집단과 은행원 데이비드 핸넘에게 37,500달러를 받고 비밀리에 팔아넘겼다. 그들은 사람들의 접근을 점차적으로 막기 위해 거인을 시라큐스로 옮기기로 결정했고, 그렇게 해서 그는 더 많은 돈을 벌 수 있었다. 그리고 이에 알맞게 그는 입장료를 1달러로 올려 받았다.

이렇게 헐이 거인 석상으로 한창 재미를 보고 있을 때 학자들 사이에서는 그 거인이 석화한 인간인지 혹은 고대의 조각상인지에 관한 문제를 놓고 격렬한 논쟁이 벌어지게 되었다. 맨 처음에는 그것이 모조품일 수도 있다는 추측이 거의 거론되지 않았었다. 당시 유명한 고생물 학자인 제임스 홀James Hall 박사는 그 석상을 시찰한 후에 다음과 같이 말했다. "…모든 상황을 고려해 봤을 때, 이것은 상당한 가치가 있는 것으로, 이 도시에 빛을 가져왔습니다. 물론 석기 시대의 것은 아니지만, 거인에 대한 고고학자들의 관심은 결코 적지 않습니다." 코넬대학교의 첫 총장으로 유명한 앤드류 와이트Andrew D.

Wight도 마찬가지로 그 석상을 견학했고, 암석 표본까지 분석하기도 했다. 후에 그는 자신의 비망록에 다음과 같은 사실을 주장했는데, '거인이 모조품이라는 것을 즉시 알아챘었지만, 이러한 생각을 처음에는 그리 강하게 주장하지 못했다'는 내용이었다. 그가 암석을 조사한 결과, 거인이 석고로 만들어졌다는 것은 분명 사실이었다.

거인에 대한 관심은 계속적으로 매우 빠르게 증가했다. 그로 인해 한 서커스 흥행배우인 피어니스 T. 버넘Phineas T. Barnum이 이 거인에 흥미를 갖게 되었고, 그는 거인을 60,000달러에 흥정하기를 제의했다. 그는 훗날 오늘날까지 명맥이 이어지는 버넘 앤 베일리 서커스를 창립하게 된다. 하지만 거인상의 소유주는 이 제안을 거절했고, 버넘은 한 조각가를 고용해서 복제품 제조를 의뢰하기에 이르렀다. 그런 후 그는 그것을 뉴욕에 있는 자신의 박물관에 전시했고, 시라큐스에 있는 것이 아니라 자신의 것이 진짜 거인이라고 주장하였다. 핸넘은 이에 맞서 버넘을 고소했지만, 그는 판사로부터 만약 법적인 처리를 원한다면, 자신의 거인이 진짜라고 맹세할 것을 요구받았다. 이에 은행원이던 핸넘은 신중을 기하기 위해 어쩔 수 없이 포기하고 말았다. 그리고 얼마 후 시라큐스의 거인은 뉴욕으로 옮겨졌고, 한동안 이 두 조각상은 둘 사이에 겨우 몇 집 건너 떨어진 곳에서 전시되었다. 놀랍게도 방문자들은 이에 전혀 아랑곳하지 않았고, 더욱더 그 무대 현장으로 몰려들었다.

그러는 사이에 카디프의 거인이 모조품일 것이라는 견해가 증가하기 시작했다. 그래서 예일대학교의 유명한 고생물학자 마쉬Marsh가 거인상을 조사하기 위해 뉴욕으로 향했고, 조사 후 그는 다음과 같이 언급했다. "거인은 최근 시기에 생성되었으며, 이는 명백한 사기 행각입니다. … 조사를 진행했던 모든 학자들이 높게 측정된 연대와 완전히 반대되는 이 명백한 증거들을 즉시 알아채지 못했다는 사실이 저는 매우 놀라울 따름입니다." 이 시점에서 헐은 어쩔 수 없이 카디프의 거인이 새빨간 거짓의 모조품이라는 것을 공개적으로 밝혀야겠다고 마음먹었다. 어쨌든 그는 이미 엄청난 사업성의 높은 수익을 올렸던 터였기 때문이다. 거인의 제조와 운반하는 데 든 비용이 약 2,600달러였던 데 비하면, 판매 수익금은 37,500달러였던 것이다.

헐의 발표 이후, 많은 기자들은 이 거인상을 'Old Hoaxey'라고 바꿔 불렀다. 이 말을 한국어로 최대한 가깝게 번역하면 '케케묵은 장난' 정도라고 할 수 있을 것이다. 이 이름과 함께 거인상은 여러 해 동안 큰 장이 서는 곳을 떠돌아 다녔고, 1901년 버팔로에서 개최된 범아메리카 전시회에 진열되기도 했었다. 물론 거인은 더 이상 특별한 이목을 끌진 못했다. 결국 뉴욕의 한 사학 단체가 그 거인상을 사들였고, 쿠퍼스 타운에 있는 시골 박물관에 가져다 놓았다. 아마 그곳 사람들은 오늘날까지도 당시 발견 장소와 비슷한 상황으로 꾸며진 판판한 구덩이에 놓인 거인상을 보고서 경이로워할 수도 있다. 어쨌든 헐에게는 모조품 거인상과 벌인 모든 사건들이 전적으로 좋은 경험이 되었고, 용기를 심어 주게 되었다. 그래서 그는 다시 한 번 비슷한 대히트를 치기 위해 도전하게 되었는데, 물론 이번에는 더 나은 방법으로 모조품을 만들기에 돌입했다. 그는 인부들과 함께 돌, 점토, 뼈 그리고 고기로 2.7미터의 한 형상을 만들었고, 거기에 충분한 혈액을 투입시켰다. 그런 다음 전혀 먹음직스럽게 보이지 않는 이 예술 작품을 오븐에 넣고 구웠다. 그리고 1877년 헐의 동료인 윌리엄 코넌트William Conant가 그 거인을 콜로라도 주의 푸에블로 근처에 묻었다. 어느 정도의 시간이 지난 후, 코넌트와 그의 아들은 '우연히' 땅 위로 살짝 튀어나온 한 조각상의 발을 '발견'하게 되었다. 그리고 부자는 그 직접 구은 조각상을 꺼냈고, 매체에 자신들의 기이한 발견에 대한 소식을 전했다. 그 조각상의 머리는 꽤 작았고, 원숭이와 비슷하면서도 팔들은 길고 단단해 보였다. 신문 독자들은 그 조각상을 '솔리드 멀둔Solid Muldoon'이라고 불렀는데, 그 까닭은 그 당시 유명했던 레슬링 선수이자 중량 운동선수인 윌리엄 멀둔 William Muldoon을 닮았기 때문이었다.

이 새로운 모조품은 또 한 번 대성공을 거두었다. 이에 〈덴버 데일리 타임스*Denver Daily Times*〉 신문은 다음과 같이 보도했다. "이 조각상이 진짜라는 것에는 의심의 여지가 전혀 없다. 암석은 시간의 흔적을 보여 주고 있고, 발견 당시의 상황도 카디프-거인과 같은 졸렬한 모조품의 반복 따위는 아니라는 것을 말해 준다." 처음에 이 새로운 거인이 전시되었던 곳은 덴버였었다. 군중들의 관심을 더 높이 사기 위해서, 거인상의 소유주는 그것을 'missing link' 라고 이름 붙였다. 왜냐하면 그 이름의 의미가 원숭이와 인간 사이에 진화의 끈을 연결하는 것이기 때문이었다. 'Solid Muldoon' 또한 뉴욕에 상륙하게 되었고, 카디프의 경우처럼 많은 방문자들이 그 조각상을 보고 놀라움을 금치 못했다. 또한 피어니스 버넘이 이 석상에 대해 또다시 매매 제안을 했는데 역시 거절당했다고 한다. 하지만 두 달 후, 헐의 채권자중 한 명이 모든 사건 전말을 〈뉴욕 트리뷴*New York Tribune*〉지에 밀고했고, 이 새로운 거인의 성공적인 전시도 막을 내리게 되었다.

그리고 약 1년 후 뉴욕 주에 위치한 카유가 호수Cayuga Lake에서 화석화한 거인이 나타났다. 그 거인은 한 호텔의 증축 공사를 진행하던 중에 발견되었다. 하지만 그 역시 곧 술에 취한 한 인부가 자신이 인공적으로 제작된 조각상을 매장하는 일에 함께 참여했다고 털어놓았다. 그 후로는 미국의 거인들이 조금은 조용해진 듯했다. 1892년 콜로라도 크리드에서 또 다른 화석 인간이 전시되기 전까지는 말이다. 이번에는 그것이 진짜 인간의 시체인 것처럼 다루어졌는데, 실제로는 화학 성분을 주사해서 '화석화' 가 되었던 것임이 밝혀졌다. 그로부터 7년 후인 1899년 몬태나 포드벤톤에서도 한 표본이 발견되었는데 이번 사건은 사람들이 신분도 증명할 수 있다고 믿고 있었다. 그들의 말에 따르면, 그 사체가 토마스 메거 제독이며, 미주리주의 내전 때 익사했다고 한다. 그 또한 뉴욕의 전시장으로 옮겨졌지만 그의 신분을 증명할 만한 것은 제시되지 않았다. 그 이후에는 미국인들의 거인과 화석 인간에 대한 수요가 다소 수그러들게 되었고, 새로운 발견에 대한 보도도 더 이상 발표되지 않았다.

유사 이전의 크리켓 선수?

필트다운인의 발견 – 그 진실

찰스 다윈(1809~1882)이 자신의 진화론을 인간에게로 확대 적용시킨 이후에, 전 세계적으로 사람들은 이른바 '잃어버린 고리missing link'를 찾기에 혈안이 되어 있었다. 그것은 원숭이와 인간 사이의 계보가 연결되어 있음을 증명할 수 있는 것이기 때문이다. 그리고 곧 수많은 유사 이전의 사람의 뼈가 발견되었는데, 그 가운데는 1856년 독일에서 발견된 네안데르탈인이라든지, 1868년 프랑스 남부에서 발견된 크로마뇽인의 해골을 들 수 있다. 물론 그것들은 인간과 거의 흡사해서, 인간의 종과 영장류의 진화 계통으로 분류될 수 있다. 그렇기 때문에 1912년 아더 스미스 우드워드Arthur smith Woodward와 찰스 도슨Charles Dawson이 런던에서 열린 한 지질학협회 회의에서 인간과 원숭이의 척도를 증명할 수 있는 해골의 발견을 발표했을 때, 이는 실로 엄청난 큰 충격이었다. 영국인들은 마침내 자신들의 나라에서도 세간의 관심사인 유사 이전의 인간 해골이 발견되었다는 사실에 매우 기뻐했다. 발견 장소는 행정 관할 구역인 서식스Sussex에 있는 필트다운Piltdown 마을에서 가까운 한 자갈 채취장이었다. 이미 오래전에 사멸한 동물 종의 이빨들과 몇몇 원시 석기구들 옆에서, 한 개의 아래턱 파편과 함께 몇 개의 어금니 그리고 두개골 상부 한 조각이 발견되었다. 아래턱은 유인원의 것과 매우 비슷했지만 복원된 두개골 상부는 인간의 것과 흡사한 꼴을 이루고 있었다. 습득한 동물의 이빨을 근거로 두개골 조각과 아래턱 파편의 연대는 약 500,000년 전의 것으로 측정되었다. 그리고 바로 근처에서 석기구가 발견된 것으로 보아, 이 유인원은 이미 돌을 사용할 줄 아는 능력을 갖고 있었으며 이를 통해 그가 상당히 높은 지능지수에 도달했음이 확실하다고 전했다. 그것으로부터 당시 대영 박물관 지질학 전시실의 관장으로 있었던 우드워드Woodward는 그 합성 생물이 인류의 진화 단계의 시초에 존재했으며, 오랫동안 찾았던 '잃어버린 고리'를 의미한다고 주장했다. 이러한 이유로 우드워드는 합성 생물에게 '이안트로푸스 도소니Eonanthropus dawsoni'라는 그럴 듯한 이름을 지어 주었는데, 이것은 한국어로 '도슨에 의해서 발견된, 새벽 인간'이라는 의미를 담고 있다. 이처럼 발견자의 이름을 붙이는 것은 오늘날까지도 과학 영역에서 종종 쓰이고 있는 사례이다.

그런데 사실 찰스 도슨은 전문적인 학자가 아니라 오래전부터 지질학과 인류학에 관심이 많았던 변호사였다. 도슨의 진술에 따르면, 그는 이미 1908년과 1911년에 필트다운에 있는 자갈 채석장에서 얼마의 화석을 발견했다고 한다. 그 때문에 1912년에 이어 두 번의 탐사 여행을 계획했는데, 거기에는 우드워드와 그의 프랑스인 친구 제수이트 피에르 테야르 드 샤르댕Jesuit Pierre Tailhard de Chardin도 참여했다. 그 근처에서 더 많은 두개골 상부의 파편들과 한 개의 아래턱이 발견되었지만, 이번에도 역시 하악관절과 턱이 빠져 있었다. 그렇기 때문에 상식적으로는 그 두개골과 하악 부위가 서로 일치하는지에 대해서 확실히 증명할 수 없었다. 하지만 그럼에도 불구하고, 우드워드는 그것에 석고를 잔뜩 붙여 두개골을 복원했고, 그것을 지질학 학술회의에서 발표했다.

그때 함께 있었던 몇몇 학자들은 복원된 두개골에 대해서 곧바로 의구심을 드러냈었다. 하지만 두 명의 유명한 해부학 교수들이(그래프턴 스미스Grafton E. Smith와 아서 키스Arthur Keith) 우드워드를 지지하고 나섰기 때문에, 대부분의 비평가들은 일단 입을 다물 수밖에 없었다. 그리고 일 년 뒤 도슨은 그 첫 번째 발견 장소에서 약 3킬로미터 떨어진 곳에서 다른 뼛조각들을 계속해서 발굴했다. 그는 그 뼛조각들을 모아서, 첫 번째 두개골과 매우 흡사한 형태의 하나의 두개골을 완성시킬 수 있었다. 이와 같은 두 번째 필트다운인의 발견은 마침내, 두개골의 진실 여부에 대해 마지막까지 비판적이었던 학자들에게도 확신을 심어 주었다. 당시 발굴에 참여했었던 사람들은 커다란 영예를 누리게 되었다. 케이스와 우드워드는 여왕으로부터 작위를 수여받았는데 이는 이미 1916년에 죽은 도슨에게도 경의를 표하는 것이었다.

1935년이 되어서야 필트다운인의 진실 여부에 대한 의혹이 차츰 드러나기 시작했다. 지질학자 케네스 오클리Kenneth Oakley는 화석들이 놓여 있었던 지질층이 처음에 가정된 연대와는 달리, 오랜된 것이 아니라고 주장했다. 그런데 영국 사람들은 이러한 비판적인 주장에 대해 매우 적대적인 반응을 보였다. 아마 그들은 영국에서 유일하게 알려진 인간의 조상이 모조품일 수 있다는 사실을 받아들이고 싶지 않았기 때문에 그랬을지 모른다. 하지만 국가 기념비는 1938년에 필트다운 근처의 발견 장소에 뻔뻔스럽게 세워졌다. 그 기념비의 제막식 때에 아서 키스 경은 다음과 같이 밝혔다. "사람들이 이미 오래전에 지나간 자신들의 역사에 관심 있는 것처럼 하는 한 … 우리들 기억 속에 찰스 도슨이란 이름이 믿음직스럽게 느껴지는 한 … 이제 나는 그에게 헌정된 이 돌기둥의 명예로운 가면을 벗기려고 한다."

그 후로 2~3년 동안은 필트다운인을 둘러싼 이야기가 잠잠해졌다. 하지만 결국 1953년 11월 21일에 폭탄 발언이 나왔는데 그 내용은 다음과 같다. "타임스는 커다란 머리기사와 함께, '필트다운-발견의 최종적인 정체가 모조품인 것으로 드러났다' 고 보도했다. 연대를 측정한 결과, 그 두개골의 파편은 한 인간으로부터 유래한 것이었고, 사망한 지 겨우 몇 백 년밖에 안 된 것이라고 밝혔다. 그리고 아래턱은 오랑우탄의 것이었으며, 턱에 박혀 있던 이빨들은 침팬지의 것으로 밝혀졌다고 전했다. 습득물들은 철 용해제와 황산을 이용해 인공적으로 마모 현상을 만들어 냈다고 보도했다."

이 보도는 영국에서 거의 국상과 같은 효과를 불러일으켰다. 그런데도 이 이야기는 유명한 영국식 유머로 남게 되었는데, 일례로 어떤 한 독자의 편지에는 다음과 같은 글이 적혀 있었다. "선생님, 이제 사람들은 무엇을 믿어야 하나요? 가령, 첫 번째 인류인 필트다운인이 가짜 이빨을 갖고 있었던 건 아닌가요?"

이 소식을 처음 접했을 때 사람들은 엄청난 쇼크 상태에 빠졌다. 하지만 점차 충격으로부터 헤어 나오면서 누가 이처럼 어마어마한 사기극을 벌였는지에 대한 의문을 자연스럽게 가지게 되었다. 물론 첫 번째 혐의자로 찰스 도슨이 지목되었다. 면밀하게 조사해 본 결과 도슨이 이전부터 모조품과 표절을 일삼아 왔다는 사실이 밝혀졌다. 예를 들어 1901년에 그는 화석화한 두꺼비의 발견을 발표했지만, 후에 그것은 모조품인 것으로 드러났다. 사람들은 이러한 사건이 아마 필트다운 모조품을 위한 시운전과 비슷한 것이었을 거라고 미루어 짐작했다. 그런데 사람들은 사건을 확대시켜, 도슨이 혼자서 필트다운의 대재앙을 부른 것은 아닐 것이라고 생각하였다. 특히 우드워드와 테야르 드 샤르댕과 마찬가지로 해부 학자인 케이스와 스미스도 함께 공범자로 의심되었다. 최근에는 당시 동물학 전공 학생이었던 마틴 힌턴Martin Hinton이 혐의 선상에 올랐는데, 그는 그때 우드워드 관장 밑에서 조수로 일했던 사람이다. 또한 그는 특유의 험상스러운 농담으로 유명했었으며, 상관인 관장을 극히 혐오했었다고 한다. 어쩌면 그가 모조품 사건으로 우드워드에게 수치를 안겨주려고 했을지도 모른다.

하지만 더 흥미로운 주장은 셜록홈즈의 작가인 아더 코난 도일(1859~1930)이 사기극에 연루되었다는 것이다. 그는 필트다운에서 매우 가까운 곳에 살았으며, 한동안 그 발견에 대해서 굉장한 관심을 보였다고 한다. 만약 그 주장이 맞는다면, 그는 아마도 사기극의 마지막 장에서나 참여했을 것이다. 그런데 도일은 두개골이 발견된 장소 근처에 화석화한 코끼리의 넓적다리뼈를 묻은 혐의도 받게 되었는데, 이 뼛조각은 크리켓에 사용되는 타자 방망이와 비슷한 형태를 갖고 있었다. 이미 필트다운인이 모조품이란 것을 눈치 챈 도일이 어떠한 암시를 주고 싶었던 것이라고 추측된다. 그런데 흥미로운 것은 코끼리 넓적다리뼈가 매우 허술하게 제작되었는데도 학자들에게 진짜 유물로 평가되었다는 것이다. 여기에서 사람들은 '선인이 크리켓 방망이와 비슷한 이 도구를 어디에 사용했을까?' 라는 의문을 가졌다. 하지만 그다음부터는 도일이 이 모든 이야기의 진상을 규명하는 데 흥미를 잃었던 것으로 보이는데 그 이유인 즉, 학자들이 이 모조품 사건과 직결되어 있는 치욕을 피하기 위해서 진실을 원하지 않는다는 것을 도일이 감지했기 때문이라고 한다. 도일의 저서인 『잃어버린 세계』에서는 어떤 암시를 남기는 듯한 이러한 하나의 문장을 찾을 수 있다. "모조품일 수 있는 오래된 뼈는 사진 한 장처럼 사소할 것이다."

이 사건을 집중적으로 파헤친 500개가 넘는 학문 보고가 있었음에도 불구하고, 최종적으로 누가 이 모든 사건 전말의 핵심 용의자인지에 대해서는 오늘날까지도 끝끝내 밝혀지지 않고 있다. 또한 어디 범위까지 이 모조품을 진짜로 받아들여 쓰였는지 그리고 사건 관계자들이 언제부터 관계 학자들을 골리겠다는 의도를 사건에 개입시켰는지에 대해서도 아직까지 명확하게 밝혀지지 않았다. 처음에는 전 영국인들에게 커다란 희망을 안겨 주었다가, 나중에는 쓴물을 삼키게 한 이 믿기 힘든 이야기의 결말은 아직도 끝나지 않았다.

이 필트다운 사건은 오늘날까지도 많은 영역에서 적지 않은 여파를 남겼다. 예를 들어 유명한 음악가인 마이크 올드필드Mikek Oldfield는 1973년에 나온 그의 첫 번째 앨범 '튜블러 벨Tubular Bells' 에서 마치 원시인처럼 두드리고, 이상한 소리를 내면서, 울부짖는 소리로 '필트다운 맨' 을 흉내내기도 했다.

그 사이 미국에서 사이언스 픽션과 호러 작가로 유명한 러브크래프트H. P. Lovecraft의 단편 소설인 「데이곤」이 영화화되었는데, 거기에는 필트다운인의 후예들이 등장한다. 그리고 2001년 독일 텔레비전에서도 영국의 시리즈물인 '폴티 타워Fawlty Tower' 라는 시리즈물을 선보였는데 이것은 '정신과 의사'와 '필트다운 겁쟁이'로 묘사되는 다소 반사회적인 방문자 사이에서 벌어지는 이야기를 담고 있다. 1999년부터는 '필트다운 치킨'이라는 말도 생겨났다. 이 표현은 미국의 〈뉴스 앤 월드 리포트*News & World Report*〉사에서 일하는 한 기자가 만들어 낸 것인데, 당시 중국에서 발견된 '아키오랩터 리아오닝겐시스Archaeoraptor liaoningensis'라는 이름의 모조품에게 붙여 준 이름이었다. 당시 중국에서 공룡과 조류 사이의 계보를 이어 주는 12,500만 년 된 자칭 '잃어버린 고리'가 발견되었지만, 얼마 지나지 않아 그것은 닭 종류와 비슷한 화석과 공룡의 긴 꼬리를 인공적으로 붙인 것으로 밝혀졌다. 그로 인해 미국의 내셔널지오그래픽 소사이어티는 치욕스러움에 몸을 떨어야만 했는데, 그 까닭은 그들이 리아오닝겐시스 사건의 진실성 여부에 대한 사전 조사 없이 잡지에 그것이 대단한 발견인 것처럼 상세히 보도했기 때문이었다. 2000년 3월에 잡지의 편집자가 모든 방법을 총동원하여 독자들에게 사과를 표했고, 모조품이라는 증거를 이미 알고 있었지만 검시자의 실수로 간과되었다고 덧붙였다.

컴퓨터 관련 업종자들에게도 필트다운은 나름의 의미를 주게 되었다. 애플사가 1994년에 시장에 내놓은 '파워 매킨토시 6100' 컴퓨터에, 한 개발자가 코드네임으로 '필트다운 맨'을 고른 것이다. 게다가 애플 컴퓨터 게임인 '마라톤 2'에는 실제로 '필트다운'이란 말이 나오기도 하는데, 이 단어는 진실이 아닌 전달 사항을 지칭할 때 쓰이는 말이라고 한다.

덧붙여 말하자면, 인간과 원숭이 사이의 진화 계보를 증명하는 '잃어버린 고리' 는 오늘날까지 발견되지 않고 있다. 이는 진짜 같은 모조품이나 천부적인 사기꾼들이 아직도 이야기를 잘 꾸며서 조작할 수 있는 기회를 많이 갖고 있다는 소리이다.

주목할 만한 육체 의례

나시레마Nacirema족에 대한 인류학적 연구

미국의 인류학자 호레이스 미첼 마이너(Horace Mitchell Miner, 1912~1993)는 인류 문화의 다양한 폭에 대해서 집중적으로 연구했다. 특히 그는 자신이 살던 시대에 아직 미개한 민족에 대해서 특히 많은 관심을 가졌다. 마이너는 시카고대학교에서 박사 학위를 받았고, 또 거기서 얼마간 강의도 했다. 후에 그는 아프리카와 남아메리카에서도 일했다. 또한 그는 다양한 책들을 집필하기도 했는데, 예를 들면 문화와 농업 사이의 관계라든지 근대 아프리카에서의 도시 발전에 관한 책들이었다. 그런데 그중 가장 유명한 논문은 1956년에 유명 전문 잡지인 〈아메리칸 앤트로폴로지스트*American Anthropologist*〉에 발표한 '나시레마족의 신체 의례'라는 제목의 연구이다. 단지 5

장에 불과했던 이 논문은 그 잡지에서 그때까지 발표됐던 그 어떤 논문들보다도 이례적으로 재판 문의가 쇄도할 정도로 독특했다.

논문의 서론은 다소 복잡하게 구성된 이러한 문장으로 시작한다. "인류학자는 비슷한 상황에 놓인 각기 다른 사람들이 다양하게 행동한다는 것을 분명 알고 있기는 하지만, 그렇다고 매우 진기한 풍습에 대해서 놀라지 않는다는 것은 아니다."

이어지는 원문에는 나시레마족이 캐나다와 멕시코 사이에 있는 북아메리카 지역에 살고 있는 부족으로, 아직까지 자세히 조사되지 않은 민족이라고 설명했다. 나시레마의 신화에 따르면 그들의 나라는 낫그니소Notgnihsaw라는 이름의 한 영웅에 의해서 세워졌다고 한다. 나시레마족의 문화는 풍부한 자연환경 속에서 크게 발달한 시장 상업으로 특징지을 수 있다. 그리고 노동의 수익 가운데 대부분은 인간의 육체와 관련된 의례 활동을 하는 데 쓰인다. 이러한 의례를 행하도록 만드는 믿음의 근간은 바로 인간의 몸은 흉측한 것이며 따라서 몸의 쇠약함과 병드는 것은 자연스러운 현상이라고 믿는 것으로 보인다. 바꿔 말하면 이러한 몸에 갇혀 있는 인간이 품을 수 있는 유일한 희망은 의례와 의식의 강력한 효험을 통하여 노화와 질병을 막는 것뿐이라는 것이다. 그래서 나시레마 사람들은 집집마다 이러한 목적을 위해 세운 사당을 하나 이상 갖고 있다. 부족 중 권력을 가진 어떤 이들은 집안에 여러 채의 사당을 소유하기도 한다. 모든 가족들이 적어도 한 채의 사당을 가졌지만, 사당과 연결되는 의례는

가족 단위의 의식이 아니라 개인적이고 비밀스러운 것이다. 의례에 대해서 언급하는 행위는 대개 아이들을 이 신비로운 세계로 끌어들여 교육하는 기간에만 허락된다.

이와 같은 전체적인 소개를 끝내고, 마이너는 의례를 하나씩 상세하게 서술했다. 그중에서도 그를 가장 놀라게 만들었던 것은 나시레마의 구강 의례였는데, 그는 이것을 다음과 같이 묘사했다. "모든 사람들이 매일 행하는 몸에 대한 의례에는 구강 의례가 포함된다. 나시레마 사람들이 구강 보호에 매우 철저하다는 사실을 이방인들이 이해한다고 하더라도, 구강 의례에 수반되는 행위는 이방인이 보기에 충격적일 정도로 역겹다. 나시레마 사람들은 작은 돼지털 뭉치를 특별한 마술 가루와 함께 입 안에 넣고, 극도로 형식화된 일련의 동작으로 털 뭉치를 움직인다."

이어지는 의례에서 마이너는 나시레마족 사이에 메조키스트적인(피학대적인) 경향이 전반적으로 퍼져 있다고 추측하면서 글을 이어 나갔다. 구체적으로 그는 거의 모든 남성들이 매일 행하는 신체 의례 중 하나가 날카로운 도구로 얼굴의 표면을 긁어서 벗겨 내는 것이라고 설명했다. 물론 확실히 횟수가 드물긴 하지만, 여성들 또한 이러한 메조키스트적인 느낌의 의례를 행하고 있었는데 그것은 여성들이 한 시간 정도 머리를 화덕에 넣고 굽는 것이었다. 이론적으로 마이너가 흥미로워한 점은, 전반적으로 메조이즘 경향을 가진 사람들이 사디즘 성향의 전문가를 만들어 내는 것 같다는 것이었다.

무엇보다 이러한 전문가들은 모든 나시레마족이 약 1년에 한 번은 찾아가는 신성한 구강 주술사인 것으로 보인다. 이러한 사디스트들은 구강에 숨어 사는 악마를 퇴치할 때 쓰는 것으로 보이는 독특한 무기들을 사용한다. 그것과 동시에 사람들은 정말 믿을 수 없는 고문을 당하게 된다. 나시레마족의 다른 주술사들 또한 중요한 역할을 수행하는데 그들은 모든 촌락마다 세워져 있는 사원에서 심각한 병자들만 출입을 허락하여 주술을 행한다. 이 특별한 치료사들 주위에는 특이한 옷과 눈에 띄는 머리 장식을 한, 신녀처럼 보이는 여성들이 침착하게 사원의 방들을 돌아다닌다. 치료사들 중에는 자칭 '경청자' 라고 불리는 특별한 지위를 가진 이들도 있다. 그들은 주술에 걸린 사람들의 머리에 기거하는 악마를 쫓아내는 힘을 가진 것으로 여겨진다. 그런데 신기하게도 나시레마족은 보통 부모들이 자신들의 아이들에게 주술을 건다고 믿고 있었다. 이 특별한 치료사가 주술을 푸는 방법은 의례라고 생각하기에는 매우 기이한 것이었다. 환자들은 움직이지 못하는 상태에서, 그들이 겪었던 어려움에 대해서 기억해 낼 수 있는 모든 걱정과 근심을 치료사에게 서슴없이 털어놓는다. 귀신을 쫓는 의식에서 보여 준 나시레마족의 기억 능력은 정말 대단했다. 그들 중 한 환자는 그가 아기였을 때, 엄마의 젖을 물던 습관을 버려야만 했던 상황에서 느꼈던 상실감을 호소했다. 심지어 어떤 이들은 자신들의 현 문제점들이 그들이 출생 때 겪었던 아픔으로 생긴 트라우마로까지 소급된다고 말했다.

논문의 결론에서 마이너는 나시레마족이 주술에 지배된 종족일 것이라고 언급했다. 그는 어떻게 그들이 스스로에게 부과한 무거운 부담을 이겨 내고, 이토록 오래 생존할 수 있었는지에 대해서 매우 놀라워했다. 끝으로 이러한 현상을 설명하기 위해서 마이너는 폴란드 영국계의 유명한 문화 인류학자인 브로니슬로우 말리노프스키 Bronislaw Malinowski가 1948년 집필한 책에서 이러한 구절을 인용했다. "문명화된 사회에서 안전 보장이라는 높은 관점에서 바라본다면, 이 미개하고 무의미하게 보이는 모든 주술들을 가볍게 여기기가 쉽다. 하지만 만약 초기 인류에게 이러한 주술의 힘과 조직화가 없었다면 어려움을 극복하고 더 높은 문명 단계로 발전할 수 없었을 것이다."

기이한 나시레마족의 이해하기 힘든 육체 의례에 대한 기사는 미국 전체에 커다란 관심을 불러일으켰다. 그런데 흥미로운 것은 '나시레마Nacirema'란 단어를 뒤에서부터 읽으면, '미국인American'이 되고, 또한 전설적인 영웅인 '낫그니소Notgnihsaw'도 미국의 초대 대통령 조지 워싱턴George Washington을 거꾸로 표기한 것이라는 사실이 밝혀지는 데 그리 많은 시간이 걸리지 않았다는 것이다. 당시 미개 문화를 소개할 때 쓰이던 일반적인 인류학자적 관점과 함께 매우 탁월한 솜씨로 재조명된 나시레마족의 의례에 대한 묘사에서, 미국인들의 일상습관을 알아채는 것은 그리 어렵지 않다. 그렇기 때문에 마이너 박사의 논문은 '미국인의 삶의 방식'을 재치 있게 비꼬았던 것으로 찬사를 받았다. 또한 그는 문화적 배경을 통한 관점으로 모든 지식이 완벽할 수 없기 때문에 문화 인류학적인 잘못된 해석이 나올 수 있다는 점을 매우 훌륭하게 제시한 학자로도 칭송받고 있다. 전문적인 표현을 빌리자면 이러한 현상을 '자민족 중심주의적 묘사'라고 지칭하며, 이 표현과 관련해서는 오늘날에도 근대의 문화 관련 서적과 교육서를 통해 나시레마라는 이름을 볼 수 있다. 또한 나시레마족의 의례와 관련하여 제법 심도 있게 다루는 강연과 강의도 있다고 한다.

미네소타에 위치한 세인트클라우드대학에서 미국 교육 프로그램 감독자였던 역사가 닐 B. 톰슨(Neil B. Thompson, 1921~1977)은 이 나시레마 이야기에 완전히 매료되었다. 그는 1972년 〈내추럴 히스토리〉라는 잡지에 '나시레마족의 미스테리한 몰락'이란 제목으로 논문을 발표했다. 톰슨은 자신의 심도 있는 연구 결과를 이렇게 표현했다. "요약하건데 나레시마족으로부터 야기된 환경 변화와 그 지역에서 발견된 공예품들을 평가한 결과, 몰락의 원인이 그들 스스로에게 있었던 것으로 추측된다. 어쩌면 그들의 문화는 모든 목표를 성취할 수 있을 만큼 매우 발달했기 때문에, 물려받은 생리학적 메커니즘이 자신들이 만들어 낸 세상에서는 더욱더 발전하기가 부족했을지도 모른다." 물론 톰슨은, 환경을 고려하지 않은 계속적인 공업 프로젝트를 추진하고, 모든 지방을 단작 농업 경경으로 바꿔 버린 미국인들의 광기를 이러한 풍자적인 논문으로 꼬집어 말하고 싶었을 것이다. 특히 톰슨은 미국 전체를 지배하는 이른바 '자동차 숭배적인 현상' 에서 착안한 생각을 다음과 같이 덧붙였다. "뛰어난 언어학자들, 사회 심리학자들 그리고 신학자들이 모인 한 단체는 … 나시레마 사람들의 엘리보모투아Elibomotua 상징이 자연스레 광고나 파트너 성향을 선택할 때의 과정으로 대체되었다고 추측했다(Elibomotua를 거꾸로 읽으면 Automobile, 즉 자동차이다—옮긴이)."

얼마의 시간이 흐른 후, 다소 눈에 띄는 이름을 갖고 있는 저자 더블유. 씨. 워터W. C. Water는 성에 대한 나시레마의 부정적인 시각에 관한 소식을 전했다. 그는 기사에서 미국 전체에 퍼져 있는 '시치미 떼기' 를 비판적으로 분석했다. 그리고 90년대 초에는 궁금증을 일으키는 이러한 제목과 함께 한 출판물이 나왔는데 그것은 『나시레마족의 가족 도청, 그들의 치유 의식과 토착민들이 그것을 받아들이는 방식』이다.

나시레마에 관한 가장 최근 저서 중 하나가 2000년에 '나시레마의 불가사의한 집단 이주' 라는 제목으로 출판되었다. 저자는 결말 부분에서 대부분 나시레마족의 구성원들은 살림 속에 둥지를 튼 악마들을 몰아내기 위해서, 삶에서 더 많은 그니봄Gnivom 의식을 감행하는 것을 필요로 한다고 언급했다. 그리고 사람들은 그것으로써 보금자리에 다시금 화목과 평안이 찾아온다고 확신하는 것처럼 보인다고 덧붙였다(Gnivom를 거꾸로 읽으면 Moving—옮긴이).

또한 2000년에는 나시레마가 근대 문학 속으로 들어왔다. 문학상 수상자인 베트남 미국계의 저자인 린 딘Linh Dinh은 자신의 책 『페이크 하우스』에서 사이공 도시의 나시레마를 담아냈다.

최근에 나시레마는 음악 분야에서도 한 획을 그었다. 2007년 유명한 랩퍼 '파푸스', 본명 쉐이밀 맥키Shamele Mackie가 내놓은 '나시레마의 꿈'이란 앨범에서 나시레마는 나이 지긋하신 분들뿐 아니라, 미국의 청소년에게서도 다시금 그 유명세를 타게 되었다.

학생들의 장난

뷔르츠부르크인의 가짜 화석

18세기 초반에 뷔르츠부르크Würzburger 인근에 위치한 칼크슈타인브뤼켄Kalksteinbrücken에서 발견된 화석은 '뷔르츠부르크인의 가짜 암석'이라고 표현된다. 또 가끔은 '베링어의 가짜 암석'이라고도 불리는데, 그 까닭은 이 화석들을 가장 많이 소장한 사람이 바로 요하네스 바르톨로매우스 아담 베링어Johannes Bartholoäus Adam Beringer 교수이기 때문이다. 베링어는 의학 및 철학 박사로 당시 뷔르츠부르크 주교의 주치의였다. 그는 화석을 '형상화된 돌'이라고 부르며 수집하는 것이 취미였는데, 왜냐하면 그는 화석이 자연에 의한 조형적인 작용을 증명하는 것이라고 여겼기 때문이었다.

당시만 해도 만연했던 '비스 프라스티카 학설'의 추종자였던 베링어는, 한때 존재했던 모든 생물들이 조형적인 형태로 돌에 각인된다고 믿었었다. 오늘날 우리에게는 상당히 어이없게 들리는 이 학설의 기원은 그리스의 유명한 철학자 아리스토텔레스(BC 382~322)에서부터 시작됐다. 그는 화석이야말로 땅과 진흙의 모든 생물들이 자연발생적으로 생겨난 증거라고 주장했다. 이러한 관념을 저명한 아라비아의 의사이자 철학가인 이븐시나(AD 980~1037)가 그대로 이어받아 '비스 플라스티카Vis-Plastica 학설' 로 발전시켰다. 그의 수많은 저술들은 그리스도교를 믿는 서양에서 인기를 끌었으며, 독일에도 영향을 끼쳐 돌에 각인된 생물들이라는 관념이 꽤 널리 알려졌었다. 그리고 알베르투스 마그누스(1193~1280)가 이러한 관념을 이어받아 '비스 포르마티바Vis formativa' 학설을 주장했다. 레오나르도 다빈치(1452~1519)도 화석이 과거 생물들의 잔여물이라고 받아들였지만, 그의 관념을 계속 밀고 나가지는 못했다. 무엇보다 17~18세기에 사람들은 화석을 성경에 의거하여, 노아의 대홍수 때 사멸한 생물의 유체라고 생각했었다. 이 홍수설을 지지하는 자들은 스스로를 '딜루비아너Diluvianer' 라고 지칭했고, 교회로부터 엄청난 후원을 받았었다. 이 이론은 지질학이 좀 더 현실적인 자연과학으로 발전해 나가는 데 오랫동안 걸림돌이 되었다.

뷔르츠부르크대학교에서 베링어 교수는 강의 시간에 항상 자신이 찾은 화석에 대해서 자랑을 늘어놓았고, 번번이 그가 추종하는 비스 플라티카 학설과 연관지어 해석했다. 당연히 몇몇 대학 교수들은 이 이론에 대해 강력하게 반박했지만, 베링어는 그에 아랑곳하지 않았고, 끝까지 자신만의 주장을 고집했기 때문에 동료들의 노여움을 사곤 했었다.

그런데 1725년 학생들이 수많은 화석들을 베링어에게 가져오기 시작하면서 그의 수집품의 수가 갑자기 증가하기 시작했다. 그리고 학생들은 화석의 출처지로 뷔르츠부르크에서 가까운 곳에 위치한 아이벨슈태터 산을 가리켰다.

출처지 주위에서 베링어도 많은 흥미로운 화석들을 발굴하게 되었고, 그로 인해 그의 수집품은 무려 2,000점 이상으로 불어났다. 대부분의 화석들은 동물들과 식물들이 부조 형식으로 표현되어 있었다. 꽃 위에 앉은 벌들 화석 옆에는 거미와 함께 거미줄이 새겨진 화석도 발견되었다. 거기에 개구리, 새, 달팽이 그리고 많은 이국적인 동물들의 화석도 이었다. 급기야는 다음과 같은 화석도 발견되었다.
"…해와 달과 별 그리고 반짝이는 꼬리를 가진 혜성의 완벽한 모사 그리고 [나와 모든 목격자를 놀래게 한 엄청난 발견은] 기품 있는 라틴어, 아라비아어, 히브리어가 새겨진 고매한 화석이다…."

이와 같은 머리글을 수록한 베링어의 책은 1726년에 출판되었는데, 책에는 매우 경이로운 발견에 대해서 소개되어 있다. 『리토그라피아에 비르세부르크엔시스*Lithographiae Wirceburgensis*』라는 제목으로 발간된 이 단행본은 21개의 동판에 흥미로운 화석을 묘사한 204개의 그림뿐만 아니라 14장으로 구성되어 있는 상세한 논평도 담고 있었다. 논평에서 그는 몇몇의 동료들이 자신에 대해 사기를 치고 있는 것이라고 주장했다는 언급도 했었는데, 물론 그는 강하게 부정했다.

자신감에 가득 찬 베링어는 책이 출판되자마자 대학에서 화석들을 소개하며, 동료들과 함께 다시 '비스 프라스티카'에 대해서 토론하고 싶어 했다. 왜냐하면 그는 자신이 소유하고 있던 많은 화석들을 근거로 만반의 준비를 끝냈다고 믿었기 때문이다. 이 거대한 사건이 발생하기 하루 전날에 한 학생이 베링어에게 그의 이름이 새겨진 화석을 가져다주었다. 베링어는 그때서야 자신이 장난에 놀아난 것이었음을 알게 되었다. 그에게 수많은 '조형화된 돌'을 가져다준 학생들이 대학 직원들에게서 베링어에게 돌을 가져다줄 때 마치 발굴한 화석인 것처럼 꾸며서 말하라는 의뢰를 받았던 것이다. 또한 거짓으로 만들어진 화석들 중 일부는 출처지에도 숨겨 놨는데, 그 까닭은 이 계획을 꾸민 이들이 베링어가 그곳에 규칙적으로 발굴하러 간다는 것을 알고 있었기 때문이었다. 베링어는 화석에 300은화 이상을 지불했었기 때문에, 이러한 사기를 당한 것에 대해 범죄자들을 상대로 고발했다. 경찰들의 수사 결과 범인은 쉽게 드러났다. 그 배일 속의 남자들은 수학자인 이그나츠 로데리크Ignaz Roderique와 도서관 사서였던 게하임라트 요한 게오르그 폰 에카르트Geheimrat Johann Georg von Eckart였다. 이들의 진술에 의하면, 베링어가 교만한데다 그들을 멸시했었기 때문에 그를 웃음거리로 만들고 싶어서 이러한 일을 계획했다고 한다. 또한 다른 기록에 의하면 로데리크가

에카르트 집에서 그 돌들을 제조해 세 명의 학생들에게 넘겼다고 한다. 그런데 그러는 사이 로데리크가 당시 뷔르츠부르크에 있지 않았다는 주장이 나오게 되면서 위와 같은 진술이 다시금 문제가 되기도 했다. 당시 베링어가 자신의 화석에 관한 책을 출판하기를 원한다는 것이 알려지자, 사람들은 수많은 암시를 통해 그에게 모조품에 대한 주의를 주기 위해 노력했었다고 한다. 하지만 베링어에게 있어 자신의 소장품들은 매우 가치가 있는 것이었기 때문에, 그는 이러한 복선들을 전혀 눈치 채지 못했다. 베링어는 자신의 치욕이 많은 사람들에게 드러나는 것을 막기 위해, 상당한 돈을 들여 책의 총판 중 거의 모든 판을 사들인 후 파기시켰다. 하지만 그가 사망한 후 1767년에 새로운 판이 다시 나왔는데, 그것이 사람들에게 굉장한 인기를 끌게 되었고, 베링어를 세계적인 유명인으로 만들었다.

1804년 제임스 파킨슨James Parkinson은 자신이 쓴 책인 『과거 유기체의 잔존물』에서 베링어의 사기극에 대해 언급하면서, 다음과 같은 결론을 지었다. "…이것은 박학다식함이 결코 완벽하지 않기 때문에, 한 위신 있는 남자가 경솔하게 믿는 행위 따위로 다시는 속임을 당하지 않아야 한다는 본보기를 확실히 보여 준다 … 이는 또한 다른 관점에서, 동시대 사람들에게 기만에 대한 작은 경고를 주었을 뿐만 아니라, 검증되지 않은 가설을 내세울 때 주의해야 한다는 것을 시사하고 있다."

이러한 모든 사건 덕분에 베링어의 이름은 널리 알려지게 되었지만 그에게는 매우 불쾌한 일이 되었을 것이다. 왜냐하면 뷔르츠부르크대학교가 그의 수집 욕구 덕택에 커다란 이득을 보게 되었기 때문이다. 다시 말하자면 대학교가 베링어로부터 꽤 가치 있는 소장품들 중 상당한 양을 물려받게 된 것이다. 오늘날 총 434개의 가짜 화석이 15개의 국내외 박물관에 전시되어 있고, 다른 59개의 견본은 유감스럽게도 그림으로만 남아 있다. 뷔르츠부르크의 지질학 연구소에는 184개의 가짜 화석이 전시되어 있으며, 마인프랭키쉔 박물관에서도 127개의 견본을 소장하고 있다. 이어서 밤베르크에 있는 자연과학 박물관도 54개가 넘는 화석을 수집했고, 에어랑엔 대학교에도 21개의 화석들이 여전히 남아 있다. 물론 나머지 화석들도 어딘가에 흩어져 있다. 그중 두 개는 영국 옥스퍼드에 있는 '뮤지엄 오브 더 히스토리 오브 사이언스Museum of the History of Science' 에서 발견되기도 했다. 몇 년의 시간이 흐르면서 가짜 화석들이 개인에게 넘어가기도 했는데, 그중에 한 명이 바로 에드워드 뫼리케Eduard Mörike라는 시인이다. 그는 1862년 11월 28일에 절친한 한 여성에게 쓴 편지에서 다음과 같은 '영수증' 이란 시를 통해서 3개의 가짜 화석에 대해 감사의 뜻을 표했다.

이 시를 통해 서명자는 책임지고 증명하되,
베링어의 장식장에서 온 진실
세 조각의 화석들: 지네를,

고시대의 수상함을

이 얼마나 해괴한 물체인가

그것의 종과 자연계도 아직까지 밝혀지지 않았구나!

(가령 노아 까마귀의 머리나 꼬리뼈)

농사짓는 처녀가 악!

그리고 우지끈 짝

큐레이터의 수중에.

무엇을 위한 관념상의 예쁜 아이인고

세 번의 입맞춤으로 값은 치러지고,

이자와 함께 나에게 의무를 지우는 그것을

입으로

아무런 위협 없이

반환할 것이네.

빠른 사막 새

우펜 푸프의 발견과 실존 여부

1928년 아우구스투스 C. 포더링험Augustus C. Fotheringham은 고비사막에서 발견된 한 기이한 새에 관한 한 전공 논문을 발표했다.

그 새의 'Eoörnis Pterovelox Gobiensis' 라는 학명은 비전문가들이 발음하기에는 꽤 어려웠기 때문에, 발견자에 의해서 '우펜 푸프Woffen-Poof' 라는 친근한 느낌의 이름이 추가적으로 붙여졌다. 이 이름은 그 새가 하늘을 날 때에 들리는 특이한 소리를 의성어적으로 나타낸 것이다.

포더링험은 자신의 책 서론에서 우펜 푸프에 관한 자료는 고비사막에서 4년간 탐험을 하면서 모았던 것이라고 밝혀 두었다. 준장 세실 웨미스-콜몬딜리Cecil Wemyss-Cholmondeley 경이 탐험대를 이끌었으며, 포더링험은 주로 학문과 관련된 일을 맡아 보는 직무를 수행했다고 한다.

포더링험이 말하는 우펜 푸프의 이야기는 크로마뇽이 살았던 약 30,000년 전으로 거슬러 올라간다. 왜냐하면, 크로마뇽이 발견된 남프랑스의 도르도뉴의 유사 이전의 동굴에서 그 새가 발견되었기 때문이다. 그것으로부터 그 당시 우펜 푸프의 분포 지역이 고비사막 밖으로까지 뻗어 있었다는 추론을 할 수 있었다. 마찬가지로 투탕카멘의 무덤에서 발견된 이집트의 부적에서도 이 새가 모사되었다고 한다. 에우트로피우스Eutropius라는 특이한 이름의 고대 로마의 저술가는 어느 향연에서 '주머니처럼 생긴 넓은 부리와 매우 작은 날개를 가진 세 마리의 기이한 중국 새를 접대 받았다' 고 전했다. 또한 마르코 폴로Marco Polo는 그가 중국을 여행할 때에 우펜 푸프를 보았다고 저술했다. 하지만 그 이후로 유럽에서는 더 이상 우펜 푸프에 관한 언급이 없었다. 적어도 쿡 선장의 의사였던 쌩크 갓 필스버리Thankgod Pillsbury가 자신의 일기장에 선원들이 우펜 푸프의 알을 받았다고 언급할 때까진 말이다.

포더링험은 우펜 푸프의 평균 크기가 17센티미터라고 설명했다. 그리고 부리는 곧고 길며, 후두 주머니를 갖고 있다고 했다. 게다가 반원 모양의 날개는 매우 짧은데, 비행할 때는 빠른 속도로 날개를 저으며 인상적인 소리를 낸다고 한다. 그것은 포더링험의 진술에 의하면, '미들 C 이상의 3 옥타브' 에 가깝다고 한다. 새의 짧은 깃털은

갈색 계통의 모래 색인데다 매우 반짝였기 때문에, 매끄러운 금속처럼 보였다고 한다. 포더링험은 그것이 새의 모든 신체 부분에 엄청나게 많은 광물 재질의 임파선이 존재하기 때문이라고 설명했다.

우펜 푸프는 습성에 있어서 주목할 만한 몇 가지 특징을 갖고 있다. 그 새들은 25~250마리 정도가 무리지어 살며, 사회적인 행동양식을 또렷하게 보인다고 한다. 우펜 푸프 무리는 정형화된 대열을 유지하며 비행하는데, 포더링험은 이것이 슈메르의 화살촉을 연상시킨다고 묘사했다. 포더링험은 어쩌면 수메르인이 이러한 비행 대열에서 영감을 얻어, 그들 특유의 휘어진 화살촉을 만들었을지도 모른다고 추측했다. 또한 그는 우펜 푸프의 비행 속도가 매우 우수하다고 설명했다. 우펜 푸프는 평균적으로 1시간에 414킬로미터의 속도로 날면서, 시간당 600킬로미터의 속도까지 낼 수 있다고 한다. 포더링험은 관찰 결과, 이 새들이 비행시간을 제외하고는 대부분 휴식을 취한다고 언급을 하면서 다음과 같이 묘사했다. "우펜 푸프는 오로지 고비사막의 모래 벼룩과 이열편의 은행나무 열매를 먹고 살아간다. 그렇게 해서 우펜 푸프는 중요한 생태학적 역할을 수행하는데, 모래 벼룩의 수를 조절하고 은행나무의 종자를 먼 지역까지 퍼뜨려 주기 때문이다."

이 사막 새는 특별한 비행 대열에서 드러난 것처럼, 매우 발달된 사회 조직 체계를 가지고 있었던 것으로 추측된다. 특히 그 새들은 파트너 관계에 있어서 매우 엄격한 일부일처제를 유지하는 것으로 관찰되었다. 또한 이 새는 소유권에 대해서는 높은 경계심을 보였는데, 무엇보다도 둥지를 지을 때 관할 구역 경계를 엄격하게 준수하는 것으로 나타났다고 한다. 포더링험은 본래는 우펜 푸프가 매우 온화한 동물이지만, 위협을 느끼면 급속히 격분할 수도 있다고 설명했다. 우펜 푸프는 화가 나자마자, 치명적인 무기가 될 수 있는 부리를 굳게 다물고, 매우 빠른 속도로 적을 향해 돌진하는 것으로 관찰되었다. 또한 놀랍게도 우펜 푸프새들은 낯설게 보이는 것은 어떤 것이든지 반응을 보이지 않았다고 한다. 이러한 사실은 포더링험과 그의 동료들이 실행한 독특한 실험으로 증명되었다. '먹이 공급이 중단되고 며칠이 지나서, 한 우펜 푸프가 바닥에 앉았다. 거기에는 그 새로부터 똑같은 거리에 먹이가 달린 두 개의 기둥이 각각 놓여 있었다. 학자들은 그 새가 생존하기 위해 먹이가 달린 그 두 기둥 중에 하나를 선택할 것이라고 예상했다. 하지만 이러한 예상을 뒤엎고, 우펜 푸프는 어디로 날아가야 할지 정할 수 없었는지 결국 굶어 죽었다.'

논문의 마지막 부분에서 포더링험은 우펜 푸프에 대해서 사회적 그리고 윤리적인 의미를 내비쳤다. 그의 관점에서 바라보면, 그 새는 일부일처제를 발전시킨 '명백히 우월한 첫 번째 생명체'라는 것이다. 또한 과거 사람들이 우펜 푸프의 일부일처제를 본보기로 영감을 받아, 그들의 사회 조직 체계도 함께 받아들였을 것이라고 추측했다. 포더링험에 의하면, 그에 관한 증거가 중국의 문학(공자의 저술)

과 성경(묵시록 23장, 킹 제임스 버전은 생략됨) 그리고 코란(VII, II)에 남아 있다.

끝으로 저자는 다음과 같은 점을 확신했다. "수많은 시간이 지나고 계속되는 문명 속에서 이 뛰어난 새는 속력, 컨디션, 대열의 우아함, 조직에서의 조화 그리고 아름다운 비행의 상징이었다. 새들로부터 얻은 영감은 다양한 곳에서 찾을 수 있는데, 예를 들어 중국의 세공된 그릇이라든지 자동차 몸체에서의 유선형 디자인에서 찾아 볼 수 있으며, 일상적인 표현으로 쓰이는 '한 마리의 새처럼 우아하구나.' 라는 말에서도 볼 수 있다."

진지함이라고는 전혀 없어 보이는 포더링험이 집필한 이 소책자에 대한 반응은 가히 놀라웠다. 학자들 사이에서는 어떠한 암시를 주는 듯, 조심스럽게 서로의 눈치를 보았다. 하지만 곧 평판이 좋은 몇몇 과학 저널에 꽤 유머러스한 서평이 발표되었다. 게다가 1957년에 미국의 널리 알려진 과학 전문지인 〈사이언스〉도 그 책에 관해 보도를 했었다. 그 소책자의 저자에 대해서 전혀 알려진 바가 없었기에, '포더링험' 이라는 필명 뒤에는 과연 누가 숨어 있을 것인지에 대한 여러 가지 추측이 난무했다. 그 사이에 주요 저자가 당시 상당히 유명했던 식물학 교수인 레스터 샤프Lester W. Sharp일 것이라는 주장이 나왔는데, 그는 뉴욕 이타카의 명성 높은 코넬대학에서 오랫동안 재직했으며 1930년에는 미국 식물학 단체의 의장에 선출되기도 했던 인물이었다. 또한 항간에는 그의 동료인 커스버트 프레이저

Cuthbert B. Fraser가 원고의 기초 작업에 참여했을 것이라는 의혹도 제기되었다. 그 밖에 원본에서는 우펜 푸프가 휴식을 취하고 있을 때의 그림뿐 아니라, 다양한 비행 모습을 담고 있었는데 거기에는 화가 난 새가 카메라를 공격하는 모습의 그림까지도 실려 있었다. 또한 크로마뇽인 시대에서 나온 동굴 벽화의 복사판도 실려 있었다. 그 외에도 눈에 띄었던 점은 이 놀라운 새가 당시의 한 자동차의 근사한 형태와 닮았다는 것이었다.

유감스럽게도 우펜 푸프는 그동안 멸종된 것으로 여겨지며 그로 인해 더 이상 이 신비로운 새에 관한 새로운 보도도 없었다. 하지만 그렇다고 해서 이 새가 기억 속으로 완전히 사라진 것은 아니었는데 그 이유는 우펜 푸프의 모습과 생활양식에 관한 포더링험의 매우 유익한 소책자가 요사이 새로 출판되었기 때문이다.

유명한 코 동물

비행류의 삶과 죽음

아주 극적인 비행류의 발견 이야기가 제2차 세계 대전이 발발하기 전 1941년에 시작할 당시는 전쟁과 함께 인류가 원자폭탄의 위협을 느끼던 시기였다. 스웨덴 출신의 에이나르 페텔슨 쉠토크뷔스트 Einar Pettersson-Skämtkvist가 일본의 포로수용소에서 남태평양에 위치한 하이아이아이아이 군도에 속해 있는 하이두드 다디피섬으로 탈출해 왔을 때, 이 기이한 코 동물을 발견했다. 문명으로부터 완전히 고립된 이 섬을 조사하기 위해 '하이아이아이아이-다윈 인스티튜트Darwin Institute of Hi-lay' 가 설립되었다. 세계 각지에서 수많은 유명한 과학자들이 그 섬에 모여 들었는데, 그 속에 독일의 동물학 교수 하랄드 슈튬프케Harald Stümpke도 섞여 있었다. 그는 매우 독특한 공동 형질을 가진 다양한 종의 코 동물에 대해서 놀라움을 금치 못했다. 그 동물들은 아주 특이하게 돌출한 코를 갖고 있었으며, 보기 드물게 매우 다양한 형태의 코 부위를 사용하여 이동했다. 슈튬프케의 스페인계 동료인 브로민떼 데 부를라스Bromeante de Burlas가 그 동물들에게 동물학적인 분류에 의해 '비행류Rhinogradentia' 라는 이름을 지어 주었는데, 유감스럽게도 독일어식 표현은 통일되어 있지 않다. 슈튬프케는 보통 '코 동물' 이라고 말하거나, 코 주자 또는 코 보행자라고 부르기도 했는데, 그것은 대부분 그 동물들의 특징적인 움직임을 강조하는 단어들이었다.

브로민떼 데 부를라스의 가장 큰 업적 중 하나는 새로 발견한 이 포유류 계통의 동물에 대해서 천재적인 하나의 동물 분류학을 완성시켰다는 점이다. 맨 처음 그는 소유한 코의 개수에 따라 아목을 단비류Monorrhina와 다비류Polyrrhina로 나누었다. 단비류는 다음과 같이 열 과로 더 세분화된다. 원시형 코Arirrhinidae, 달팽이형 코Nasolimacidae, 기둥형 코Rhinocolumnidae, 긴 코Rhinosiphonidae, 트럼펫형 코Rhinostentoridae, 두더지 유사형 코Rhinotalpidae, 단독형 코Holorrhindae, 나무형 코Amphihopsidae, 홉 코Hopsorrhinidae, 난초형 코Orchidiopsidae이다. 그리고 다비류는 나소베마 종류 코Nasobemidae, 탈취형 코Tyrannonasidae, 동일형 코Isorrhinidae, 상이형 코Anisorrhinidae를 포함한 불과 여섯 과로 나타낼 수 있다. 또한 그는 다양한 비행류들을 총 189가지 종류로 구별했다.

슈튬프케 교수는 이와 같은 유일무이한 분류학을 통해 다양한 코 동물에 관한 상세한 설명과 함께 특수 논문 형식으로 후대에 전해질 수 있게 되었다는 사실에 매우 감사하게 생각했다. 그런데 이 감동적인 드라마는 1957년이 되어서야 '비행류의 구성과 삶'이란 제목으로 이와 같은 공적이 공개되었는데 이유인즉, 엄청난 원자폭탄이 폭발하면서 1945년에 하이아이아이섬이 가라앉게 되었기 때문이다. 폭발과 함께 그곳에 살던 모든 비행류의 동물이 멸종되었을 뿐 아니라, 비극적이게도 다윈-인스티튜트의 과학자 팀원들 전원이 사망하는 대참사가 일어났다. 하랄드 슈튬프케 또한 사망했지만, 다행히도 그는 이미 그전에 알 수 없는 예감을 느끼고는 남태평양으로 마지막 여행을 떠나긴 전, 독일에서 그의 원고를 동료인 게롤프 슈타이너 Gerolf Steiner에게 남겼다. 고맙게도 그는 이 어려운 과제를 넘겨받았고, 슈튬프케의 사후 특별 연구 논문을 발표했다. 슈타이너는 특징을 살린 다양한 그림들로 이 원고를 풍부하게 만들었다. 논문의 맺음말에서 그는 다음과 같이 수록했다. "그는 일러스트레이션을 그려 넣을 목적으로 나에게 몇몇 소재를 남겼었다 … 어쨌든 이러한 가능성이 존재하기 때문에, 겸손했으면서도 공적이 컸던 연구자들의 생애 작업 중 적어도 한 부분이 세상에 알려지게 되었고 결국 학문으로서 모든 것을 마무리 지으며 남게 되었다. 그리고 이제 가라앉은 세계에 있는 이들도 또한 이곳에 남아 있다."

하랄드 슈튬프케의 비극적인 운명과 함께 그에 의해서 실재에 가깝게 묘사된 비행류 이야기는 한 권의 의미심장한 책으로 발행되어 커다란 반향을 불러일으켰고, 여러 언어로 번역되었다. 그 사이에 독일에서는 이미 12판 이상이나 출판되었으며, 여전히 높은 수요로 인해 쾌재를 부르고 있다고 한다.

물론, 앞에서 서술한 논문 속의 모든 비행류에 대해서 설명하기는 불가능하다. 하지만 눈에 띄는 몇 가지 예들은 꼭 한 번 짚고 넘어갈 필요가 있는 것 같다. 단비류의 가장 기원이 되는 생물은, 슈튬프케 역시 하나의 종으로 분류할 수밖에 없었던 종류인 원시형 코 Archirrhinidae이다. 그 코 동물에게는 독일의 동물학자 중 큰 별이었던 에른스트 해켈Ernst Haeckel의 이름을 따서 '아르키라이노스 해켈리 Archirrhinos Haeckeli' 라고 명명되었다. 이 원시형 코 동물의 코가 매우 크기는 하지만, 보행을 위해서는 적합하지 않았기 때문에 다른 포유 동물처럼 네 발로 걸어 다니며 또한 코 부위는 먹이를 먹을 때에 버팀목으로 쓰일 뿐이었다. 또 다른 흥미로운 동물은 매우 다양한 종을 갖고 있는 홉 코Hopsorrhinidae과 이다. 이 동물의 가장 특징적인 모습은 3분할된 코이다. 그들은 땅 위에 살며, 퇴화된 뒷다리를 갖고 있긴 하지만 앞다리의 움직임이 자유롭다. 기다란 꼬리는 움직일 때와 마찬가지로 먹이를 집을 때도 사용된다. 특히 눈에 띄는 점은 깡충깡충 뛰는 그들의 움직임인데, 이 때문에 '홉 코' (hop: 깡충 뛰다—옮긴이)라는 이름이 붙여졌다. 이 홉 코 동물에서 더 진화한 종들 중 하나가 바로 매우 특이한 오토프테릭스 볼리탄스Otopteryx Volitans이다. 그의 학명에서 이미 알 수 있듯이, 이 동물의 종은 귀에 생긴 날개로 하늘을 정복할 수 있었다(oto: 귀의, volitant: 날 수 있는—옮긴이).

하지만 가장 인상적인 동물은 다비류에 속하면서 무시무시한 맹수 기질을 갖고 있는 육식동물인 티라노나수스 임페르아토르 Tyrannonasus Imperator이다. 이 동물이 매우 좋아하는 먹잇감인 나소베마 종Nasobemodien을 사냥할 때의 힘겨운 모습을 슈튬프케는 다음과 같이 묘사했다. "…이 동물은 다른 모든 다비류과 동물들과 마찬가지로 코로는 매우 빠르게 움직이지 못하지만, 나소베마 동물보다는 민첩하게 움직일 수 있다. 모든 다비류과 동물들은 걷는 동안에 비강의 기낭 기관에 의해 휘파람 같은 소리를 낸다. … 티라노나수스는 먹잇감에게 조용히 몰래 다가가서는, 반드시 … 사냥 초반에는 조용히 잠복하고 있다가 갑자기 덤벼든다. 이러한 도망과 추격의 과정 동안 … 티라노나수스는 안간힘을 쓰는 먹잇감을 잡기 위해 한참 동안 뒤쫓는다. 그런데 나소베마가 올가미꼬리를 이용해서 도망을 가기 때문에 … 만약 추격하는 동물이 먹잇감에게 이미 매우 바짝 접근했다면, 코를 이용한 평범한 방법으로는 더 이상 도망치는 것이 불가능하기 때문에, 나소베마는 마지막 방법으로 … 꼬리를 이용해 커다란 가지 위에 매달리면서 동시에 땅 위로 바짝 원을 그리거나 넓은 추 운동처럼 왔다갔다 움직인다. 맹수는 먹잇감을 붙잡기 위해 계속적으로 시도하지만, 결국은 현기증을 일으키고, 토하기까지 한다. 결국 나소베마는 이 정신없는 순간을 틈타 몰래 빠져나가 달아

난다."

매우 일목요연하게 묘사된 위의 글처럼 티라노나수스가 나소베마를 사냥하는 상황을 담은 증거는 이 비행류의 기원으로 실재로 명백히 남아 있다. 풀어서 말하자면, 나소베마는 1941년에 처음 발견된 것이 아니라, 20세기 초반에 이미 문학 작품 속으로 들어와 있었던 것이다. 그 창작가는 시인 크리스티안 모르겐슈테른(Christian Morgenstern, 1871~1914)으로서, 나소베마를 그의 유명한 교수대 노래에서 다음과 같이 인상적으로 표현했다.

나소베마

많은 코로 천천히

나소베마가 걷는다

자기 새끼들을 데리고

아직 브렘Brehm에는 실리지 않았노라

아직 마이어Meyer에는 실리지 않았노라

그리고 브록하우스Brockhaus에도,

그것은 내 하프로부터

처음 이 땅 위에 나타났다

그때부터(앞서 서술했다시피)

많은 코로 천천히

나소베마가 걷는다

자신의 새끼들을 데리고…

(브렘, 마이어, 브록하우스는 그 당시 동물 백과사전임—옮긴이)

모르겐슈테른이 매우 인상적으로 찬미한 나소베마는 황당하게도 하이아이아이아이섬에서 관찰된 '나소베마 리릭큠Nasobema lyricum'과 매우 흡사하다. 이에 슈튬프케는 이러한 우연의 일치가 어떻게 일어날 수 있었는지에 대해서 상세히 설명했다. 모르겐슈테른이 남태평양을 여행했다는 이야기가 전혀 알려진 바 없기 때문에, 슈튬프케는 지인 중 한 명이 시인에게 나소베마를 가져갔을지도 모른다고 생각했다. 용의선상에 오른 사람은 모르겐슈테른의 오랜 친구인 알브레히트 장 미스콥Albrecht Jens Mieskopp 선장이었다.

새롭게 조사한 결과 하랄드 슈튬프케가 사실은 게롤프 슈타이너이고, 이미 어렸을 적부터 모르겐슈테른의 시를 알고 있었으며 특히 나소베마 구절을 좋아했었다는 설이 나왔다.

그리고 어느 시점에선가 슈타이너는 코로 달리는 이 동물을 그림으로 표현하고 싶다는 충동이 생겼던 것이다. 그래서 그는 생물학을 졸업한 후에, 맨 처음으로 '나조베메'라고 이름 붙였던 이 코 동물에 관한 분류학을 완성시켰고, 후에는 좀 더 그럴싸하게 보이도록 하기 위해 '비행류'라고 개칭했다. 이에 자긍심을 가진 슈타이너는, 이 상상의 동물을 독일 동물학 학술회의에 소개했고, 명망 있는 동물학 교수들 속에서 더 많은 영감을 얻을 수 있었다. 덕분에 그는 이미 상당히 풍부했던 본문에다 다양한 그림을 더해 하나의 소책자로 만들기에 이른다. 1975년이 되어서야 비로소 만반의 준비가 완료되었던 것이다. 구스타브 피셔 출판사Gustav-Fischer-Verlag에서 재정상의 문제가 생겨 흑백의 그림을 넣은 얇은 소책자 한 권을 발간했다. 모든 예상을 뒤엎고 높은 수요로 인해 곧 다음 판까지 출판하게 되었는데 1968년에는 출판사가 수채화 그림과 함께 컬러판을 내놓았다. 게다가 겉표지는 슈타이너가 가장 좋아하던 나소베마 리릭큠이 새끼와 함께 있는 모습으로 꾸며져서 나왔다. 신판은 2006년도에 스펙트럼 출판사Spektrum-Verlag에서 발행되었다. 본래 신비의 동물에 빠져있는 것은 청소년만의 특권처럼 여겨진다. 왜냐하면 그 사이에 1908년 슈트라스부르크에서 태어난 이 게르노트 슈타이너에게 100번 째 생일이 성큼 다가왔기 때문이다(아마 명예훼손의 문제로 이름을 교묘하게 바꾸어 표현한 것으로 여겨짐—옮긴이).

비행류에 관한 사이비 학문에 대해 동료들은 놀랍게도 긍정적인 반응을 보였다. 1961년 〈쥐트도이췌*Die Süddeutsche*〉 신문은 제비젠Seewiesen에 위치한 막스 플랑크 인스티튜드Max-Planck-Instituts의 소장이었던 에리히 폰 홀스트Erich von Holst 교수의 책에 관한 서평을 상세하게 보도했다. 서평에서 홀스트는 이 비행류에 관한 집중 연구 논문을 진지하게 분석했다. 그런데 그가 다룬 논문의 내용은 너무나도 심각한 것이었기에, 홀스트가 '나소베마 시'까지 인용했는데도 몇몇 독자들은 그가 거짓 논문을 비평했다는 것을 전혀 눈치 채지 못했다.

그리고 얼마 후 대중 과학 저널 〈자연과학의 전망*Naturwissenschaftliche Rundschau*〉 또한 제비젠 연구소에서 근무하는 볼프강 슐라이트 Wolfgang Schleidt 박사의 서평을 보도했다. 그것 또한 독자들이 그 비행류 문학이 과학적으로 대단한 업적인지 아니면 '사기'에 불과한 것인지를 알 수 없게 만드는 데 성공했다. 해부학 교수인 베르크만 W. Bergmann은 그의 동료 슈타이너에게 그의 학문적 성과에 대한 축하의 편지를 썼다. 그 편지에서 그가 최근에 열린 과학 협의회 모임에서 비행류 분야를 위한 연구소재지를 설립할 것을 강력하게 주장했다고 전했다. 비행류 논문의 프랑스어 판에서는 유명한 동물학자인 그라세P. P. Grassé가 머리말을 써 주기도 했다. 그 또한 유머러스한 진실을 말하기 위해 애를 썼지만 다음과 같이 확실하게 표현했다. "…나의 친애하는 친구여, 완벽하게 묘사된 사실은 항상 가장 진실성이 없다는 것을 기억하라!" 그럼에도 불구하고 비행류 논문은 이러한 커다란 늪에서 빠져나와, 1963년에 명성 있는 과학 저널인 〈사이언스〉에서 진화 연구가로 유명한 심슨G. G. Simpson에 의해 소개되었다. 심슨은 비행류의 발견을 "20세기까지 모든 동물학이 낳은 결과 중 가장 흥미진진한 사건이다"라고 평가했다. 하지만 심슨은 그 논문에 대한 평가가 전혀 진지하게 다루어지지 않았음을 분명히 드러냈는데, 예를 들어 그는 슈튬프케가 다양한 비행류 과에 사용했던 몇몇 이름들이 '국제 명명법 규칙을 위반하는 완벽한 범죄적 행위'라고 꼬집어 말했다.

코 동물에 관한 특수 연구 논문이 발표된 지 30년이 되던 해에 칼 게스테Karl D. S. Geeste는 궁금증을 자극하는 제목과 함께 한 기초 논문을 공개했다. '슈튬프케의 비행류-실험 분석' 이라는 논문에서 무엇보다도 그는 비행류에 대해 있음직한 면만을 내보였고, 남김없이 철저하게 분석했다.

오늘날까지도 비행류에 관한 연구는 계속 이어지고 있다. 맥스 플랭크 육수학 연구소는 플뢰너 호수에서 난폭해 보이는 듯한 코르도르히누스 히드로피루스Cordorrhinus Hydrophilus를 발견했다고 보고했다. 1999년에는 프랑스의 한 연구 단체가 비행류의 화석을 발견했고, 흥미로운 '돌리코나수스Dolichonasus' 의 사진을 공개하기까지 했다. 미국의 위스콘신에서도 '오토프테릭스 볼리탄스Otoopterix volitans' 가 존재한다고 보도되었다. 그리고 미국에서는 비행류의 진화에 대해 분자 생물학적으로 새로운 지식을 탐구하기 시작했다. 또한 2002년 그라이프스발트대학교Greifswald Universität에서는 '비행류의 해부학과 생물학' 이란 주제 아래 인상적인 세미나가 열리기도 했었다. 또 같은 해에 브라운슈바이크 소재의 한 자연 역사 박물관에서는 슈튬프케 교수가 직접 제작한 긴 꼬리에 꽃처럼 펼쳐진 코 모양이었던 '코르불로나수스 롱직아우다Corbulonasus Longicauda' 의 한 견본이 깊숙이 묻혀 있던 교수의 수집품들 사이에서 발견되었다. 세간의 이목을 끄는 이러한 사건이 일어날 즈음에, 베를린의 카르스텐 니밋츠Carsten Niemitz 교수는 '코로 보행하는 동물-가라앉은 세계로부터의 매혹적인 피조물' 이란 제목으로 강연을 열었다. 브라운슈바이크의 역사적인 발견 이후로, 갖가지 분야의 박물관들이 잘 보존된 비행류를 유치하고자, 유물들을 모집하고 있는 중이다. 앞으로도 비행류 관련 유물들이 부디 풍부해지기를 바라는 바이다.

쓸모 있는 식물

사각 나무와 정육면체 오렌지

우리는 네모진 나무의 재발견에 대한 감사를 유감스럽게도 정신과학과 자연과학의 모범적인 합작에 돌려야 할 것이다. 그 첫 출발선을 끊은 사람은 영국계 출신의 동양 연구가이자 설형문자 전문가인 테드폴C. Tadpole이다. '신성한 북쪽 숲으로부터 신의 성스러운 나무'라는 비문을 해독하면서, 그는 여러 가지 표현을 유추할 수 있었다. 처음에 테드폴은 그 나무가 레바논의 히말라야 삼나무일 것이라고 추측했다. 그런데 그는 다음과 같이 짧게 해석될 수 있는 한 진흙판을 찾아냈을 때, 비로소 그 진정한 의미를 알게 되었다. "나, 왕 중의 왕 에사르하돈Asargaddon은 전지전능한 하늘의 신 아슈르Assur에게 감사한다. 신은 나와 함께하며, 적군을 무찌를 수 있게 해 주신다

… 나는 신에게 레바논의 단순한 히말라야 삼나무가 아니라, 신께서 직접 북쪽 숲에서 기르신 딱딱한 껍질로 둘러싸여 있는 사각의 성스러운 나무로 호화로운 신전을 지을 것이다 … 그것은 신의 숲에 아주 적은 수만이 비호되어 있다…."

테드폴이 한 산림학자를 만나 그 성스러운 나무에 관해 토론을 벌이기 전까지는 그 비문의 작용 효과를 알지 못했었다. 그 둘은 당시 동양에 네모진 기둥의 나무가 존재했을 것이라는 공동의 가정을 내놓기에 이르렀고 오랜 토론 끝에 이 기이한 나무 형태를 보고 '사각 나무'라고 이름을 붙이기로 합의했다. 테드폴은 1943년 매우 명성 있는 오리엔탈 고고학 잡지Oriental Archeology에 구미가 당기는 주제 아래 한 논문을 개제했다. 그러나 테드폴에게는 이 논문에 관한 전문가들의 어떠한 언질도 주어지지 않았다. 그 까닭은 아마도 논문이 거의 사각 나무에 대한 묘사로만 이루어져 있었고, 앞뒤 가리지 않는 예술 역사학적 이론 때문이었을 것이다. 예를 들어, 논문에는 이집트의 직사각형 오벨리스크의 기원이 어쩌면 동양의 네모진 나무로 만들어졌을 것이라는 주장도 있었다. 오늘날의 시각으로는 이해할 수 없는 것이지만, 그 당시 사회는 그의 논문에 냉담했고 이에 크게 실망한 감수성 여린 테드폴은 안타깝게도 1947년에 스스로 목숨을 끊었다. 이로써 네모진 나무 학설은 30년간 기억 저편 속으로 잊혀 갔다.

그런데 우연한 행운으로, 네덜란드의 수목 연구가 반 호스텐W. van

Hoosten의 손에 테드폴의 작업이 넘어가게 되었다. 그는 이미 제임스 멜라트James Melaart가 현 터키 지역에서 약 8,000년 전의 주거지를 발굴하면서 아주 다양한 크기의 사각형의 나무가 꽂힌 흔적을 발견했다는 사실을 알고 있었다. 그 목재는 주택 공사를 위한 기구나 사다리를 제조할 때 사용했던 것으로 추측되었다. 그런데 그 당시의 원시적인 기술력으로는 이 정도로 완벽하게 들보와 가는 각목을 만드는 것이 거의 불가능한 것이었기 때문에, 호스텐은 그 사각형의 목재가 네모진 나무에서 비롯된 것이라고 믿었다. 또한 기원전 800년 후에는 이러한 사각형의 대들보가 건축에 더 이상 사용되지 않았다는 것이 확인되었다. 그 까닭을 반 호스텐은 사각 나무숲이 인간들의 남용으로 인해 완전히 근절된 것이라고 믿었다. 그리고 기나긴 연구 끝에 반 호스텐은 마침내, 사각 나무가 어떤 특별한 떡갈나무에서 비롯되었다는 것을 증명해낼 수 있었다. 이 네덜란드 학자의 네모진 나무 연구에 대한 커다란 공로 덕분에, 식물학 전문 용어에 '크베르쿠스 크바드라타 반 호스텐Ouercus quadrata van Hoosten' 이 국제적 명칭으로 등록되었다.

이처럼 선구자인 반 호스텐의 연구 결과는 1975년 아라비아 반도에서 미국 출신 엔지니어 헤이스Th. Hayes의 발견으로 환희의 인증을 받게 되었다. 헤이스가 석유를 추출하기 위해 구멍을 파다가 세 개의 사각 나무들을 발견했고, 이 나무들은 여러 연구소에서 심층 분석되었다. 그런데 1944년에 사카라의 한 국제 고고학 단체에서 이미 사각 나무 중 검게 그을린 잔재들을 발견했다는 사실이 나중에서야 드러났다. 방사선 탄소로 검사한 결과, 그 잔재물의 나이는 약 5,000년 이상 된 것으로 밝혀졌다.

전 세계의 산림학자뿐 아니라 생물학자들도 사멸된 사각 나무를 소생시키기 위한 갖가지 방법들을 연구했다. 수많은 교배 실험을 비롯해서 체계적인 돌연변이 실험이 진행되었다. 하지만 유감스럽게도 이 실험들은 아직까지 이렇다 할 성과를 얻지 못했다. 필시 사각 나무의 새로운 변종 재배는 현대 산림경제에 엄청난 진보를 가져올 것인데 지금까지 일반적인 나무 기둥에서 나오는 엄청난 나뭇조각 찌꺼기의 발생을 현저하게 줄일 수 있을 것이다. 유명한 목재 연구가 폰 벨링스뷰텔-그륀록H. K. von Wellingsbüttel-Grünrock의 계산에 의하면, 널빤지와 들보 제조 과정에서 나무 부피의 약 삼분의 일 정도가 낭비된다고 한다.

사각 나무에 관한 보도는 대부분 영어권에서 이루어졌기 때문에, 새롭게 발표되었던 그런 자극적인 기사들은 독일에는 거의 알려지지 않았다. 그렇기 때문에 젤후스W. Selhus 교수가 〈자연과학의 전망 *Naturwissenschaftlichen Rundschau*〉 1978년 4월호에 지금까지의 연구 결과를 누구나 알아들을 수 있게 소개한 것은 정말 탁월한 공로였다. 젤후스 교수는 자신의 설명에 그림 자료까지 곁들여 매우 인상적으로 표현했다. 이 논문에 대한 반응은 각양각색이었고, 급기야 그는 일 년 뒤에 네모진 나무에 관한 연이은 논문을 발표하게 만들었다.

그런데 정말 우연의 일치로 이 논문은 〈자연과학의 전망〉 4월호에 발표되었다. 젤후스는 그의 논문 중 대부분을 만우절 농담이라고 해석한 매체의 반응에 약간 놀란 듯했다. 왜냐하면 매체에서 '정방형의 사기'라는 말이나 '한 학자의 사기가 세상을 흔들다.'라는 표현을 썼기 때문이었다. 단지 한 신문사에서만 진지하게 '아직 나무들이 사각형이었을 때'라는 제목으로 보도했고, 이 위대한 발견으로 곧 목재업에 혁명이 일어날 것이라고 전했다. 그런데 단 하루 만에 이 신문사는 마음을 돌렸고, 이어지는 기사에서 '머릿속에서 발상된 사각 널빤지'라는 표제어를 넣었다. 또한 그 기사는 사람들이 한 만우절 사기에 걸려든 것이라는 추측을 넌지시 내비치기도 했다. 그런데 놀랍게도 학문 영역에서는 그에 따른 반응이 적었다. 한 높은 직위의 산림 공무원은 몇 헥타르의 부지가 사각 나무 재배에 사용되도록 준비되어 있다고 발표했다. 그 밖에도 재배 실험에서 나무 기둥의 널빤지를 최대한 직각 형태의 가지로 만들기 위해 힘쓰고 있다고 전했다. 오스트리아의 한 교수는 '이 나무는 어쩌면, 종종 정치계에서 일어나는 네모로 각진 지식과 관련됐을 가능성이 높다'고 역설했다. 그리고 영국의 과학자 알렌 블레이어Allen T. Blair는 '추측에 의한 이 사각 형태의 떡갈나무가 물에 빠진다면, 혹 물결이 둥글게 퍼지는 대신에 사각으로 일어나지는 않을까 궁금하여 문의했다'고 한다. 그렇다면 사각나무 가지에 둥지를 튼 새들은 혹시 사각형의 달걀을 낳게 되는 것일까?

상당한 지식층인 것으로 보이는 애틀러H. P. S. Attler는 자신의 독자 편지에서 젤후스 교수가 인용하지 않은 어느 한 논문에 관해 언급했다. 그 논문에는 보통 직사각형처럼 생긴 사각나무의 이파리들은 강력한 태양 복사열을 통해서 거의 정방형의 모양을 얻게 된다고 추측했다. 이파리의 표면은 광택과 함께 방수 효과가 있다고 묘사했으며, 뒷면은 보드라우면서 흡수력이 있다고 전했다. 또한 분명 과거에, 특히 평온한 지역에서는 그 이파리들을 신체를 보호하기 위해 사용했을 것이라고도 주장했다.

이스라엘에서는 19세기에 이미 오스트리아의 한 고대식물 학자, 바론 호어스트 폰 홀츠하웁트Baron Horst von Holzhaupt에 의해서 사각나무가 재발견되었다는 언급이 있었다.

함부르크대학교의 비제W. Wiese 교수는 〈자연과학의 전망〉 잡지사의 편집부에 긴 보고를 올렸다. 보고에서 비제 교수는 타이완에서 양식된 정방형 대나무에 대해서 설명했다. 그 외에도 그는 일본에서 인공적으로 정방형 대나무를 만들기 위한 기술을 개발했다고 언급했다. 비제 교수는 일본의 우에다K. Ueda 교수가 직접 제조한 정방형 대나무가 찍혀 있는 사진까지 제시하며, 원통의 대나무 장대를 사각틀에 고정시키는 간단한 방법을 사용했다고 전했다. "일반 대나무 관목이 아직 어린 가지일 때 긴 사각형의 나무통에 넣는다. 그러면 대나무 줄기가 자라면서 사각형 틀의 압력으로 정방형 꼴로 만들어지게 된다. 그런데 어린 싹이 최대한 반 정도는 자랐을 때 이 방법을 취해야지 그렇지 않으면 대나무의 발육 자체가 저하될 수도 있다. 이 기발한 방법으로 생성된 사각형의 대나무는 일본식 가옥을 꾸밀 때 특히 인기 있는 품목이다. 하지만 높은 가격 때문에 사각 대나무 장식은 오직 부유한 일본인들에게만 해당되는 사항이다. 어쩌면 이 장식은 지금 당장이라도 유럽풍 실내 건축물의 입구에서 사람들의 이목을 끄는 장식품으로 눈에 띌지도 모르는 일이다. 물론 이미 오래전부터 동양의 문화가 인기를 끌었기 때문에 가능한 일이다."

그리고 두서너 해가 흐르기도 전에, 1988년 〈자연과학 전망〉지에서는 새로이 사람들의 이목을 끄는 식물을 보도했다. 이번에는 기이한 모양의 과일에 관한 기사였는데, 스페인에서 감귤류의 새로운 품종으로 보통의 둥근 모양이 아닌, 정육면체의 오렌지를 생산했다고 보도했다. 이에 자신감에 가득 찬 재배자인 산체스 로드리게스Sanchez Rodriquez는 오렌지의 이름을 '큐비코 오렌지Cubico-Orange'라고 그럴듯하게 지었다. 이 새로운 오렌지 품종의 가장 큰 이점은 무엇보다도 운송 과정에서 비용을 감소할 수 있다는 데 있다. 또한 이 정육면체의 오렌지는 맛뿐 아니라, 부피와 무게가 일반 오렌지와 거의 같으면서도 본래의 오렌지보다 포장할 때 자리를 훨씬 더 적게 차지한다.

계산해 본 결과, 일반 둥근 오렌지는 한 운송 전용 상자에 250개가 들어가는 반면에, 큐비코 오렌지는 450개나 들어갈 수 있는 것으로 밝혀졌다. 물론 오렌지로 가득 채운 한 상자의 무게 또한 50킬로그램에서 90킬로그램으로 늘어났고, 그 덕에 상자를 더 안정적으로 쌓아 올릴 수 있게 되었다. 하지만 예기치 않게 스페인 노동조합에서는 초장부터 큐비코 오렌지에 반대하여 시위를 벌였는데, 그 까닭은 바로 무거운 상자 무게 때문에 수수료가 더 늘어났기 때문이었다. 그렇기 때문에 큐비코 오렌지 생산자를 위한 개별적인 정가 요금 협정이 요구되었다. 아직 풀어야 할 문제가 많이 있음에도 불구하고, 이 새로운 오렌지는 빠른 속도로 퍼졌고, 요식업계에서는 새로운 품종에 대한 반기를 들며 분명 높은 매상을 올려 줄 것이라고 고대하고 있다. 몇 명의 젊은 요리 대가들은 이미 큐비코 오렌지를 기본으로 한 새로운 디저트를 개발하기도 했다. 그와는 반대로 몇몇 나이 든 요리사들은 단순히 인기를 끌려는 이러한 과일에 엄격히 반대하며, 클래식한 오렌지에 의리를 지킬 것을 다짐했다.

유용한 설치류

돌 벼룩Petrophaga lIrioti — 실존하는 작은 괴물?

돌 벼룩이 범상치 않은 곤충류임에는 분명하다. 이 특별한 곤충의 첫 번째 표본은 1976년이 되어서야 그 특징이 상세한 설명과 함께 그림으로 표현되었다. 돌 벼룩은 취미 연구가인 빅코 폰 뷜로브Vicco von Bülow에 의해 처음으로 발견된 곤충이었다. 그는 학문적 특성은 전혀 고려하지 않은 채 '작고 앙증맞은 녀석'이란 이름을 지었는데 이 작은 곤충은 한 텔레비전 프로그램을 통해서 사람들에게 널리 알려졌다. 그 후에 동물학자들 사이에서는 이 새로운 곤충류를 체계적으로 분류하기 위한 격렬한 논쟁이 벌어졌다. 특히 그들은 빅코 폰 뷜로브가 이 작은 곤충을 설치류로 분류한 것 자체를 받아들일지에 대해서 강한 의구심을 품었다. 긴 논쟁 끝에 돌 벼룩은 그나마 가까운 '이미지나타(Imaginata: 상상의 동물)'의 계통으로 분류될 수 있다고 결론지었다. 이어지는 상세 항목은 다음과 같다:

아문: Humoranimalia(허구 동물)

강: Humoranimalia perfecta(최고 등급의 허구 동물)

목: Rodentia inexista(상상의 설치류)

상과: Lapivoridae(돌을 물어뜯는 동물)

과: Lapivora(돌을 물어뜯는 작은 동물)

속: Petrophaga(돌 벼룩)

종: Petrophaga Lorioti(진짜 돌 벼룩)

이러한 분류 표시법은 오랫동안 이견이 분분했기 때문에, 통례적인 방법으로 첫 번째 발견자의 공식적인 성을 분류 이름에 붙이기로 했다. 그런데 이름 뒤에 '폰 뷜로브'가 따라오게 되면서, 유명세를 타야 할 돌 벼룩의 이름이 어쩐지 초라해 보였다. 그래서 결국 빅코 폰 뷜로브는 'Petrophaga lorioti'라는 이름으로 타협점을 제안했고, 이 이름은 이미 세계 곳곳에서 사용되기 시작했다.

돌 벼룩이 이미 오래전부터 존재했을 가능성이 있음에도 불구하고, 20세기 후반쯤이 되어서야 돌 벼룩에 관한 몇 가지 생활양식이 공개되었다. 미하엘 나터러Michael Natterer 박사는 1997년 자신의 논문에서 중세 시대 사람들은 이미 돌 벼룩을 알고 있었다고 언급했다. 또한 그 이후에 사람들이 돌 벼룩이 멸종되었다고 믿었기 때문에 기억 속에서 잊히게 되었다는 사실도 입증할 수 있다고 했다. 무엇보다 놀라운 사실은 과거 사람들이 돌 벼룩이 야기시키는 훼손에 대한 사실을 전혀 알지 못했다는 것이었다. 이 새로운 학설의 논문에는 완전히 성장한 돌 벼룩이 매일 28킬로그램의 돌까지 먹어 치울 수 있다고 기록되어 있었다. 1999년 빈에 위치한 슈테판 교회에서 더 정확한 조사가 이루어졌다. 올덴부르크 출신의 토양 미생물학자 볼프강 크룸바인Wolfgang Krumbein은 슈테판 교회의 한 난간에서 수많은 이 해충을 오랜 시간 동안 관찰할 수 있었다. 그는 결코 방관할 수 없는 그 연구 결과를 다음과 같이 요약했다. "유적 파괴라는 점에서 미생물학적 사건은 지금까지 어떠한 주목도 받지 못했다. 이는 보통 비둘기의 배설물이나 산성비처럼 매우 일상적인 것이다. 하지만 우리는 지금 교회의 외관이 미생물에 의한 훼손일 뿐 아니라, 돌 벼룩도 관련 있다는 것을 알게 되었다."

위키피디아에 '돌 벼룩'을 검색해 보면, 돌 벼룩이 '베를린 장벽' 붕괴에 상당한 작용을 했을지도 모른다는 주장이 상세하게 설명되어 있다. 또한 펠로폰네소스 전쟁에서 스파르타군의 침략을 막고자 아테네인들이 만든 '긴 장벽'의 붕괴도 돌 벼룩에 의한 병충해일지도 모른다는 것이다. 하지만 중국의 그 커다란 장벽이 왜 지금까지 아무런 피해를 입지 않았는지에 대해서는 밝혀지지 않고 있다.

돌 벼룩 연구는 계속적으로 그 범위를 넓혀 나갔고, 점점 더 과감

해졌다. 예를 들어 이스라엘 사람들은 팔레스타인이 자신들의 현 주택 단지를 둘러싸고 있는 장벽에 투입하기 위해 돌 벼룩을 유전 공학적으로 변형시킬지도 모른다는 주장을 진지하게 받아들였다. 지금까지 벽에 쓰이는 석재에서만 발견된 돌 벼룩을 보면 결코 콘크리트를 파괴할 수 없는 것 같아 보이는 데도 말이다. 하지만 돌 벼룩 유전질에 새로운 유전인자를 투입시킬 수 있다면, 돌 벼룩의 치아에 강력한 법랑질 경화가 일어날 수 있다는 뜻이고, 이 말은 즉 콘크리트도 돌 벼룩의 폐해에 더 이상 안전하지 않다는 이야기다. 유럽에서는 당시 정치적인 견해의 이유로 이스라엘의 장벽이 무너지는 것에 대해서 긍정적인 평가를 내리는 추세였다. 하지만 이러한 견해는 만일 유전적으로 변형된 돌 벼룩 아종이 통제에서 벗어나 전 세계 곳곳의 콘크리트로 만들어진 건물을 손상시킨다면, 어떠한 끔찍한 재앙이 초래될 수 있는지를 간과한 것이다. 이러한 문제는 이미 UNO 안전 협의회에서 논의되었으며, 펜타곤에서는 이미 돌 벼룩에 저항력이 있는 도료를 시험하기까지 했다.

위키피디아에 따르면, 돌 벼룩의 생식기와 번식 행위에 대한 정보가 조금은 밝혀졌다고 한다. 암컷의 알을 낳는 기관은 7번째와 9번째 마디 부분에 있는 여러 개의 고나프젠파렌Gonaphsenpaaren으로 되어 있다. 안타깝게도 수컷의 생식기에 관해서는 지금껏 정확한 연구가 이루어지지 않았다. 그런데 최근 본Bonn에 있는 대학도서관에서 처음으로 돌 벼룩의 짝짓기 행위를 관찰하는 데 성공했다고 전했다.

그것은 다음과 같은 과정을 거친다고 한다. "암컷의 페로몬 분비로 인해 매료된 수컷은 매우 복합적인 구애의 춤을 추는데, 그것은 암컷이 교미를 위한 준비 상태가 될 때까지 이어졌다. 그런 다음 수컷은 암컷 밑으로 들어가 교접 행위를 했다. 교미 후에는 암컷이 알을 낳기 위해 어느 책등 뒤로 들어가 버렸다. 물론 여기에는 다른 모든 돌 벼룩들도 이와 똑같은 짝짓기 행위를 행할지에 관한 논쟁의 여지가 남아 있다."

돌 벼룩을 이용한 의학적인 연구도 있었다. 1983년에 유명한 의학 백과사전 '프쉬렘벨Pschyrembel' 에는 국내외 단체에서 이루어진 돌 벼룩을 대상으로 한 연구에 대한 정보가 처음으로 개제되었다. 그때 이 학문 영역을 위해 '암석 식균학Petrophagology' 이란 명칭이 사용되었다. 특히 이 연구 분야에서는 돌 벼룩을 쓸개 및 방광 그리고 신장 결석 치료에도 활용할 수 있는지에 대한 조사가 활발히 이루어졌다. 또한 치과 의사들 사이에서도 돌 벼룩을 이용한 치석 제거 방법을 심도 있게 연구하는 일이 있었다. 물론 당시 백과사전에서는 아직 구체적인 취급 과정이 수록되지 않았었다. 1990년 '프쉬렘벨' 의 256판에서는 치료법 실험에 대한 언급과 함께 대도시의 건축물 개조를 위해 돌 벼룩의 동종으로서 어떤 특별한 종이 투입될지도 모른다고 덧붙였다. 하지만 신중을 기하기 위해, 이 영역의 돌 벼룩 연구가 아직 별다른 성과를 얻지는 못했다고 전했다. 그렇지만 암석 식균학 연구가 현재 진행되고 있는 연구에 긍정적인 영향을 미치고 있다는 것은 거의 확실하다고 보도했다. 물론 이러한 언급은 돌 벼룩이 대체 치료 방법으로 적용된다면야 틀림없는 사실이 될 수도 있다.

이와 같은 돌 벼룩의 업적으로 매번 백과사전이 초판될 때마다 돌 벼룩 연구의 상황도 적절하게 끼워 맞춰져서 나오게 되었다. 그런데 암석 식균학 분야의 연구가 일시적으로나마 위축되어서인지, 지금까지의 연구 보도의 진실에 대해서 의구심을 가지게 된 '프쉬렘벨'의 편집자는 1994년 257번째 판에서 돌 벼룩 연구 부분을 삭제했다. 그로 인해 돌 벼룩 치료법에 관한 정보를 더 이상 얻을 수 없게 된, 수많은 의사들은 단체로 이에 강하게 항의하기 시작했다. 때문에 1997년도부터 돌 벼룩 연구의 문제점에 관한 기사가 다시 보도되었다. 그때부터 다시금 활기를 띈 암석 식균학 연구 활동에 대한 새로운 결과들이 매번 기사화되었다. 예를 들어 새로운 돌 벼룩의 동종이 발견되었다는 기사처럼 말이다. 또한 신장 결석에 돌 벼룩의 아종인 'Petrophaga lorioti nephrotica' 를 적용시킬 수 있는 반면에, 방광 결석에는 'P. lorioti vesicae' 를 활용할 수 있으며, 이 아종들은 형태학적으로 보통의 돌 벼룩과는 구별된다고 전했다.

그 사이에 사람의 타액에 의해서 다른 사람에게 전이될 수 있는 돌 벼룩 질병까지도 보도되었다. 보건 정책상 굉장히 중요한 이 발견은 독일에서 이루어졌지만 유감스럽게도 오늘날 독일어권에서는 '키싱 돌 벼룩 질병Kissing stone louse disease' 이란 영어식 표현이 일반적으로 사용되고 있다.

그런데 이 돌 벼룩은 빛을 매우 싫어하기 때문에, 병원체를 증명한다는 것은 대단히 어려운 일이었다. 하지만 '프쉬렘벨'의 260번째 판에서는 그것이 분자 유전학과 뢴트겐선을 이용해서 증명할 수 있을 것이라고 보도했다.

그리고 2007년 가을에 출판된 261번째 판에서는 다시금 돌 벼룩에 관한 새로운 정보가 게재되었는데, 동맥경화 예방을 위한 돌 벼룩의 활용에 관한 기사였다. 이물질이 쌓이는 것을 완화시키기 위해, 돌 벼룩의 가까운 친척으로 밝혀진 특별한 미립자 형태의 벼룩을 투입함으로써 어쩌면 가능해질지 모른다고 보도했다.

특히 요사이 보건 개혁이라는 틀 안에서 돌 벼룩을 활용한 진단 및 치료 처치가 의료보험의 복리 후생 목록에서 제외되었다는 것이 가장 큰 문제점으로 다뤄졌다. 그것은 적지 않은 경제적 부담을 환자들이 떠맡아야 한다는 것을 의미했기 때문이다.

현대의 암석 식균학 연구 중에 발생할 수 있는 잠재적 위험성을 그저 간과할 수 없다는 이유로, 쾰른에 처음으로 독일 돌 벼룩 연구 센터가 설립되었고, 플로리안 자이퍼트Florian Seiffert가 연구소장으로 임명되었다. 이 새로운 연구 단지에서 이루어진 첫 번째 논문은 조금은 자극적으로 느껴지는 '독일 소재의 인문학 도서관에 널리 유포되어 있는 돌 벼룩에 관한 조사'라는 제목으로 발표되었다. 이 조사는 2002년에 시행되었는데 이를 통해 도서관에 있는 돌 벼룩이 생존력이 강하며 매우 빠르게 증식한다는 것을 증명해 냈다. 전체 내용은 복잡한 평가 방법과 임의의 추출 시험 방식에 대해서 밝혔으며, 독일 소재의 225개 도서관에서 1,133억 마리의 돌 벼룩이 검출되었다는 끔찍한 결과를 보여 주었다. 큰 규모의 몇몇 국립 도서관에서 돌 벼룩에 관한 설문 조사가 이루어졌고, 이에 대한 흥미로운 결과가 나왔다. 예를 들면 슈투트가르트에 위치한 대학 도서관에서 다음과 같은 중요한 지시가 있었다. "책등 뒤에 숨어 있는 돌 벼룩을 주의하십시오. 이것을 그냥 간과해 버렸다가는 통계 수치를 혼란스럽게 만들 수 있습니다." 뮌헨의 대학 도서관에서는 지난 몇 년간 돌 벼룩이 나타나지 않았다고 통지했는데 이 진술은 뮌헨 소재의 전문 대학에서 13마리의 돌 벼룩이 발견되었다는 보고에 따라 모순이 되어 버리고 말았다. 밤베르크에서는 한 심각한 병충해가 보고되었는데, 무려 99,999마리의 돌 벼룩이 채취되었다고 전했다. 하지만 그것은 한때의 측정량일 뿐이며, 그 수는 매일 변하는 것이라고 강조했다. 그러므로 바이에른 지방이 돌 벼룩에서 해방되었다는 확고한 표현은 말도 안 되는 것이며, 기껏해야 돌 벼룩이 없는 특정 지역이 있을 뿐이라고 전했다.

포츠담에서는 꽤 통이 큰 공급량이 나왔는데, 바로 각각의 개인 좌석에 돌 벼룩이 한 마리씩 입양되었다는 것이었다. 연구 결과 총 48개의 인문학 도서관에서 돌 벼룩에 의한 병충해를 입은 것으로 확인되었으며, 그중 11곳의 도서관에서만 이와 같은 병충해가 없다는 것이 판명되었다. 그리고 나머지 도서관에서는 무책임하게도 돌 벼룩

검사를 회피했다. 그런데 특히 주목되는 점은 유독 독일의 서쪽과 중부 지방에서 돌 벼룩이 집중적으로 검출되었다는 것이다. 그러한 반면 북쪽과 남쪽 연방주에서는 돌 벼룩이 거의 존재하지 않는 것으로 증명되었다. 이것으로부터 플로리안 자이퍼트 박사는 돌 벼룩이 맨 처음에는 서쪽에 위치한 사육제의 핵심 지역에서 생겨나서 그곳에서부터 퍼지기 시작했다는 가설을 내놓았다. 하지만 쾰른 도서관에서 병충해가 거의 없었다는 것이 확인되자, 이러한 견해는 또다시 당착되었다(쾰른은 독일의 서쪽 중간 지방에 위치함—옮긴이).

자이퍼트 박사는 도서관들 사이에서 점점 증가하는 원거리 대출 방식이 돌 벼룩이 계속해서 퍼져 나갈 수 있게 만드는 커다란 위험성을 안고 있다고 보았다. 노르트라인 베스트팔렌 지역에 위치한 한 대학 중앙 도서관의 분류 시설에서는 꽤 흥미로운 증거가 나왔는데, 그 지역의 도르트문트대학교와 트리어의 전문대학에서 몇몇 돌 벼룩의 표본이 사진으로 찍힌 것이다. 이 돌 벼룩은 현존하는 일반 돌 벼룩과 동물 분류학적으로 비교해 보았을 때 형태학적으로 상당한 차이가 있다고 한다. 그리고 이로써 유전자 돌연변이를 통해서 'Petrophaga lorioti bibliotheca'로 지칭될 수 있는 새로운 돌 벼룩 아종이 생겨난 것으로 추측할 수 있다고 전했다. 하지만 여러 돌 벼룩 연구가들은 도서관에서 관찰된 그 곤충이 돌 벼룩과 비슷하게 생겼을 뿐, 사실은 책 벌레가 진화하여 파생된 곤충으로 볼 수 있다는 이견을 내놓았다.

다음 해에도 '프쉬렘벨' 의 새로운 판에 암석 식균학에 관한 중요한 정보가 이어지기를 희망한다. 한데 이 연구가 잠재적인 위험성을 가지고 있기 때문에, 입법 기관이 관여하여 엄격한 안전 수칙을 공표할지도 모른다는 우려가 높아지고 있다. 그렇게 되면 결국 벼룩 연구와 관련해서는 그저 커다란 연구 센터만 남게 되는 것이다. 그것은 곧 독일과 함께 명맥을 이어 온 오랜 전통을 가진 암석 식균학의 학문적 위신이 세계적인 각축 속에서 추락한다고 볼 수 있는 것이다. 돌 벼룩 연구에 독일 연방 공화국이 격분할지도 모르는 최악의 사태를 막기 위해서는 이미 코앞에 들이닥친 입법의 입김을 받아들여야만 할 것이다.

별빛을 발하는 동물

광 부리주머니벌레와 발광 토끼

약간은 이국적으로 들리는 광 부리주머니벌레라는 이름을 가진 한 곤충에 대해서 매우 높은 수준의 지식을 얻을 수 있도록 도움을 준 인터넷 백과사전인 위키피디아의 독일어 버전에 특히 감사를 표하는 바이다. 지칠 줄 모르는 위키피디아의 헌신으로 이 바퀴벌레 종의 기원과 생활양식에 대해서 연구하는 과정에서, 'Norixocotea Lumus Wikipediae'라는 학명을 얻을 수 있었다. 그리고 그것은 동물학적 분류에서 '허위 형Hoaxiformes'으로 편입되었다.

광 부리주머니벌레에 대한 집중적인 연구가 시작된 지는 불과 몇 년밖에 되지 않았지만, 수많은 역사학적 자료에 의하면 이 벌레는 꽤 오래전부터 존재했던 것으로 보인다. 1999년 4월 호주의 유명한 에어스 록(Ayers Rock-울루루)에서 광 부리주머니벌레의 화석이 발견되었다. 맨 처음 그 화석의 연대는 약 15년 전의 것으로 측정되어 세간의 이목을 끌었다. 하지만 그 사이 몇몇의 전문가들은 이러한 진술에 의구심을 품기 시작했다. 그들은 그 곤충이 화석이 되는 상태에서도 지속적으로 강한 빛을 발했기 때문에, 연대를 측정하는 방식에 상당한 영향을 주었을 것이며, 그로 인해 엄청난 오차가 생겼을 것이라고 추측했다. 그리고 몇몇 저자들은 이 화석을 신생 거짓 세기 지층 연대로 분류했다. 이어지는 발굴 과정에서는 광 부리주머니벌레의 기원이 적어도 두 가지일 것이라는 추측이 나왔다. 추측컨대 그중 한 종류는 추위에 강해서 유럽의 빙하기를 견뎌 낼 수 있었던 것으로 여겨진다. 이 특별한 벌레의 학명은 'Norixocotea lumus wiktionarii' 으로 제안되었다. 이 벌레는 네안데르탈인이 살던 비슷한 시기에 멸종된 것으로 보이며, 그것으로 몇몇의 연구자들은 그것이 호모 네안데르탈인의 중요한 먹이 공급원이었을 것이라고 추측했다. 그런데 과도한 포획으로 인해 이 바퀴벌레 종이 근절되었을 수 있으며, 또한 그 때문에 영양 공급에 위기를 맞이한 네안데르탈인도 멸종되는 결과를 초래했을 것이라고 가정했다. 이러한 드라마틱한 사건 전개를 거울삼아 현대인들도 자연 재원을 다룰 때에 좀 더 신중을 기해야 할 것이다.

호주에서 기원한 특이한 광 부리주머니벌레는 아마도 약 5,000년 전에 유럽에 나타난 것으로 보인다. 인스브룩대학교의 전문가들은 이른바 '욋찌'(Ötzi, 욋찌는 1991년에 알프스 산의 욋쯔 계곡에서 발견된 신석기 또는 청동기 시대의 빙하 속 미라이다. 그리고 이 발굴을 인스브룩대학교에서 진행했다—옮긴이)의 장비를 철저하게 조사하는 과정에서, 조그마한 우리 속에 잘 보존된 많은 양의 광 부리주머니벌레를 발견했다. 그리고 혹 이 발견물이 칸델라(일종의 풍등)의 한 양식으로 개인 사용을 위해 지니고 다녔던 것인지, 또는 혹 그것을 상업적으로 이용하기 위함이었는지를 놓고 맹렬한 토론이 벌어졌다.

위키피디아의 보고에 따르면, 지금까지 가장 오래된 광 부리주머니벌레의 모사는 청동기 시대의 네브라 스카이 디스크Nebra Sky Disk 유물에서 발견되었다고 한다. 맨 처음 사람들은 그 유물 위의 많은 금색점이 별이라고 해석했었다. 하지만 시간이 지나면서 몇몇 사람들은 그 금색 점들이 발광하는 벌레가 밤하늘에 날아다니는 모습을 예술적으로 단순하게 모사한 것이라고 믿었다. 이 작은 곤충은 당시에 그 특유의 발광하는 특성 때문에 신성한 생물체로 취급되었을 것으로 추측되었다.

최근에 발견된 기원전 약 900년의 것으로 추정되는 오래된 문서를 통해서 만약 광 부리주머니벌레가 무리를 이룬다면, 위협적인 존재가 될 수 있다는 점이 추론되었다. 문서에는 모세에 의해서 언급된 이집트의 메뚜기 폐해가 사실은 광 부리주머니벌레의 어마어마한 무리가 야기한 사건일 가능성이 있다는 기록이 있었다.

문학에서도 이 기이한 벌레에 대한 기록을 확인할 수 있는데, 기원전 약 500년 그리스의 시 문학에서 발견되었다. 또 다른 예로 당시의 한 사티로스극(일종의 익살극)에서는 판도라의 상자를 열 때에 발광을 하는 어떤 벌레가 빠져나왔다고 언급했다. 그리고 그리스 철학의 핵심 인물 아리스토텔레스 또한 의미심장한 발언을 했다. "날개 밑에 광 부리주머니벌레가 보이느냐, 웃음이 무엇인지 알게 될 것이다." 로마의 시인 호라즈(BC 658년)는 밤에 자연적으로 발광하는 벌레에 대해서 상세하게 묘사했으며, 그것이 이미 오래전에 잊어버린 과거의 사건에 대한 상징적인 암시를 가르쳐 준다고 믿었다. 중세 고급 독일어의 시에서는 볼프람 폰 에쉔바흐Wolfram von Eschenbach가 '퍼시벌' (중세의 무공 이야기로 운문 형식의 로맨스—옮긴이)에서 발광하는 벌레를 강력한 상징성을 지닌 신성한 성배를 위한 조명 장식으로 나타냈다.

수많은 역사 자료를 고려하면, 광 부리주머니벌레의 존재는 태고 시대까지 거슬러 올라가게 된다. 그런데 자연과학 분야는 최근에 들어서야 이 기이한 곤충에 대해서 관심을 보이기 시작했다. 표본 제작자에 의한 동물학적인 세부 조사 결과, 이 곤충의 평균 길이는 7센티미터이고, 외골격에 갈색의 얇은 털이 나 있다고 밝혀졌다. 그리고 하변은 동종 이형으로, 수컷의 것은 희끄무레한 반면 암컷은 밝은 노란색을 띠고 있다. 아래턱과 두 갈래로 갈라진 꼬리 부분을 포함해 최대 3부로 나눌 수 있으며, 진화하면서 계통 발생학에 따라 3부와 합착된 큰 주머니 형태의 구강 구조가 생겨났다. 또한 최근의 분자 생물학적인 연구에 따르면, 호메오박스Homöobox 유전자의 거짓 연쇄 반응Hoax-Sequenz이 초래한 결과일 것이라고도 전해진다.

이 벌레에 대해서 가장 이목을 끄는 부분인 발광 생성은 하복부에 국한되어 일어나는데, 아직까지 모든 세세한 원인은 밝혀지지 않았다. 하지만 루시페리아제 효소가 발광소의 산화를 촉진시키면서 발광에 중요한 역할을 한다는 것은 확실하다. 특히 흥미로운 점은 발광 세기가 그때그때 하루 시각에 따른 밝기에 맞춰서 색조까지도 변한다는 것이다. 그 외에도 지속적으로 발광하던 벌레가 야간의 매우 높은 온도에서는 갑자기 율동적인 깜박거림으로 발광했다는 사실이 최근에 발견되었다. 하지만 자연 상태에 있는 발광 벌레가 관찰되지 않았던 현상에 관한 생화학적 원인을 위한 연구는 여전히 심층적으로 이루어지지 않고 있다. 그 까닭은 발광 벌레가 높은 열에 의한 가중을 이기지 못하고, 쉽게 순환 장애를 일으키게 됨으로 거의 모두 치사에 이르기 때문이다. 그런데 광 부리주머니벌레는 멸종 위기에 처한 종으로 분류되었기 때문에, 암실에서 이러한 온도 가중 실험을 진행했던 대규모의 실험 단체는 동물보호법상 문제를 떠안고 있으며, 이미 동물 보호 단체의 맹렬한 항의를 받았다. 급기야 벌레를 구출하기 위한 활동까지 전개되었으며, 그러던 중에 일어난 한 사건에서는 약 25마리의 광 부리주머니벌레가 수렵 지역으로 달아나게 되었다고 한다.

발광 벌레의 생활 범위 중 핵심 분포 지역은 높이 1,000~2,000미터 사이의 산악 지대인 것으로 밝혀졌다. 하지만 개개의 경우 특수한 발광 벌레는 해발 7,000미터의 높은 산에서도 발견된 것으로 알려졌다. 그 밖에도 기능적으로 매우 진화한 이 벌레는 이동하기 위해 광양자 반사를 조절하면서 발생하는 광선 부력을 이용한다고 한다.

짝짓기 행위 또한 매우 흥미로운 점인데, 벌레의 발광 능력은 여기에서도 매우 중요한 역할을 수행한다. 수컷과 암컷은 서로에게 이른바 '이모티콘'으로 불리는 특별한 2중 코드를 주파수 변조 형태로 보낸다. 이 코드는 일종의 한 신체 부호 방식으로, 이것을 통해 암컷과 수컷은 짝짓기 대상으로 서로가 잘 맞는지 확인할 수 있다. 만약 2중 코드가 서로 부합한다면, 비행과 동시에 정자를 넣은 집을 전달하면서 수정이 이루어진다. 노릭스코트학Norixocoteology에 의한 최근의 연구 결과에 따르면, 유충의 성장 과정은 성에 따라 달라진다고 한다. 수컷은 그대로 성장하는 반면 암컷은 고치 단계를 거친다. 성충이 되기 전의 작은 유충은 맨 처음에는 어미 벌레가 갖고 있는 유방 형태의 임파선 주머니 속에서 자라게 된다. 어미 벌레는 필수 아미노산과 고단백질로 구성되어 있는 농도 짙은 분비물을 유충에게 먹인다. 이러한 분비물과 함께 충분한 보살핌을 받은 유충은 신체적인 것은 물론 정신적인 성장에도 커다란 영향력을 미치는 것으로 보인다. 바이오칩과 유사하게 생긴 식도 신경절의 형성은 분비물의 공급과 깊은 관련이 있으며, 신경절의 관리 능력에 따라 총수명이 결정된다. 유충은 어미의 주머니에서 벗어나자마자 암수 구별 징후가 나타날 때까지 오직 양분을 섭취하는 데 집중한다. 그 후 성충이 되었을 때는 자외선 광선을 변환하여서 거의 모든 필수 에너지를 충족한다.

가장 주목을 끈 사건은 바로 2003년 빌레펠트대학교에서 시행된 교배 실험이다. 그 실험에서 광 부리주머니벌레와 돌 벼룩의 잡종을 얻어 내는 데 성공했다. 각각의 교배 군에 따라 매우 구별되는 결과를 가져왔다. 암컷의 광 부리주머니벌레와 수컷의 돌 벼룩을 교배했을 때, 겉모습은 돌 벼룩과 유사하게 생겼지만, 확실히 그 부모 세대보다 커다란 몸집을 가진 곤충이 나왔다. 맨 처음에는 교배종의 발광 능력이 보이지 않았지만, 암석에 반응시키자 발광하는 것이 확인되었다. 빌레펠트의 연구원들의 진술에 따르면, 수컷의 발광 벌레와 암컷의 돌 벼룩 사이에서도 껴안고 싶을 만큼 푸근한 붉은 색의 교배종이 나왔다고 알렸다. 이 교배종은 발광 벌레와 흡사하게 생겼지만, 발광하지는 않는다고 밝혔다. 그리고 교배종은 돌을 주식으로 삼으며, 이 돌들이 소화 과정에서 변질됨으로써 배설된 후 찌꺼기들이 발광하게 된다고 설명했다. 원래는 앙증맞은 곤충이지만, 위와 같은 과정에서 감마선이 방출되기 때문에 애완 곤충으로서는 권하지 않는 편이라고 덧붙였다.

놀랍게도 이 첫 번째 교배종들은 두 종 모두 수정이 쉽게 이루어졌으며, 형질의 특색을 고려해 볼 때 멘델의 유전법칙을 깨는 중요한 실험이라고 할 수 있다고 한다. 두 종의 후세대는 지금까지도 대부분 이러한 특징을 보인다.

- 돌부리주머니벼룩은 발광하며, 돌을 먹고 약 13센티미터로 자랐다.
- 발광돌부리주머니벌레는 발광하지 못하며, 4센티미터 이상으로 자랄 것으로 보인다.

몇 년 전부터 광 부리주머니벌레의 수가 빠른 속도로 줄어들었기 때문에, 일 년 내내 벌레를 자연보호 차원에서 특별 지정하는 일이 있었다. 그 수가 줄어든 가장 큰 원인은 공기 오염의 영향 때문이었다. 그로 인해 이 특성화된 곤충은 자외선에서 에너지로 변환시킬 수 있는 기회가 줄어들게 되었다. 그 외에도 공기 중의 미세한 먼지가 응축되어 늘어나면서, 벌레들이 짝을 찾는 데 상당한 어려움을 겪고 있다. 왜냐하면 먼지 때문에 암컷과 수컷 사이에 오고가는 특별한 신호가 엇갈리는 횟수가 늘어나면서 결국에는 교미가 일어나지 못했기 때문이다. 만약 이에 대한 즉각적인 근본적 개선이 이루어지지 않는다면, 청정 지역에 있는 이러한 광 부리주머니벌레는 금세 멸종될지도 모른다. 그렇기 때문에 이에 알맞은 채비를 갖춘 배양 시설을 통해 그 수를 끌어올리는 문제와 돌연변이로 인해 악화된 자연환경에 적응시키는 문제가 한층 더 중요시되었다. 이러한 점을 고려한 첫 번째 성과가 위키피디아에 보고되기를 희망한다.

이와 같이 파란만장한 긴 뒷이야기를 갖고 있는 광 부리주머니벌레에 비해, 발광 토끼는 겨우 몇 년 전에서야 세상의 빛을 보았다. 발광 토끼는 브라질의 예술가 에두아르도 칵Eduardo Kac에 의해 처음으로 알려졌는데 그의 주장에 따르면, 파리에 위치한 국제농업연구소에서 근무하는 저명한 프랑스의 유전학자 루이 마리 오더빈Louis-Marie Houdebin이 녹색의 형광 빛이 도는 토끼를 만들었다고 한다. 이른바 'green-Fluorescenting-protein(GFP)' 라는 녹색 형광 단백질을 동물의 세포에 투입시킴으로써 푸른빛이 돌게 하는 효과를 만들어 낸 것이라고 설명했다. 주장에 대한 증거로 에두아르도 칵은 어느 정도는 확실히 녹색 형광 빛을 내는 토끼를 담은 두서너 장의 그림을 보여 주었다. 그는 이 그림들을 굉장한 예술 작품처럼 다루었으며, 상당한 액수에 그림을 팔았다. 그렇지만 발광 토끼 자체가 직접적으로 사람들 앞에 공개되지는 않았다. 그 이유에 대해 추측할 수 있는 것으로는 실제로 이 토끼가 존재하지 않으며, 단지 흥미를 불러일으킬 만한 작가에 의한 상상이라는 것이다. 그런데 토끼에게 발광하는 특질을 유발시켰다는 GF-단백질은 실제로 존재한다. 매우 복잡한 구조로 이루어진 이 단백질 분자는 'Aequorea victora' 라는 해파리에서 추출되었다. 이 단백질 분자에는 독이 전혀 없기 때문에 살아 있는 세포에 주입이 가능하며, 이는 발광하는 것을 가능하게 만든다. 그런데 실제로 GF-단백질을 주입하여 거의 모든 유기 조직을 발광하게 만드는 실험이 성공했다. 그리고 2003년 아시아에서는 처음으로 녹색 형광 빛의 물고기가 판매되었다. 게다가 얼마 후 한 미국인은 유전자 조작을 통해 붉은 형광 빛이 도는 얼룩물고기를 만들었으며, 'Glo-물고기' 라는 이름으로 시장에 내놓기도 했다.

기술적인 면에서 보면 발광 토끼 또한 만들 수 있는 충분한 가능성이 있다. 그렇지만 오더빈 교수의 연구 발표에서는 언젠가 그가 발광 토끼를 만들었다는 증거를 찾을 수 없었다. 그러는 사이에 사람들에게 이어지는 몇몇 다른 발광 단백질이 공개되었는데, 그것은 특히 산호에 존재한다고 알려졌다. 무엇보다 그것이 다른 색조로 빛나기 때문에, 살아 있는 더 많은 세포 기관의 구조와 기능을 동시에 연구하기 위해서는 그 물질이 GF-단백질과 매우 좋은 조합을 이룬다고 할 수 있을 것이다. 어쩌면 다음번에는 에두아르도 칵이나 다른 진보적인 예술가가 이러한 새로운 전개를 계속 발전시켜, 빨갛고 노란빛이 나는 기니피그를 예술 작품으로 소개할지도 모른다.

멸종 위기의 금발

금발은 과연 사라질 것인가?

이미 오랜 옛날부터 금발은 뭔가 특별한 것으로 취급되었다. 고대 그리스의 사람들은 귀금속인 금과 금발을 가진 이들 사이에 밀접한 연관이 있다고 믿었다. 그에 따라 여신들과 신들, 그리고 속세의 통치자들까지도 종종 금발로 표현되었다. 물론 로마에서도 금발은 열망의 대상이었다. 로마의 남성들은 게르만 민족에게서 밝은 머리 다발을 부인들에게 사다 주었고, 여성들은 그것으로 자신의 머리를 꾸몄었다.

독일에서는 나치의 공포 시대 동안에 금발이 북방 게르만 지배자 민족의 전형적인 특징으로서 여겨졌기 때문에 금발은 특별히 최고의 가치를 누렸다. 인종차별적으로 악용된 지 그리 오랜 시간이 지나지 않았음에도 불구하고, 오늘날에도 금발은 남성이나 여성 모두에게 인기가 있으며, 굉장한 매력 포인트로 여겨진다. 그래서 어두운 계열의 머리색을 갖고 있는 이들 중, 특히 여성들은 약간의 화학적인 도움을 청하기도 한다. 물론 그렇다고 해서 인위적인 금발을 가진 남성들의 수 또한 결코 적지는 않다.

따라서 2002년 9월 영국 통신이 맨 처음 보도한 기사에 여성이나 남성들이 심각하게 반응을 나타낸 것도 결코 놀라운 일이 아니었다. 그것은 바로 〈더 썬〉지가 '2202년 금발은 사멸된다'라는 표제어로 기사를 내보낸 것이다. 기사에서는 국제보건기구(WHO)에 의하면, 금발의 머리카락과 눈썹 그리고 파란 눈을 가진 남성과 여성이 200년 안에 이 지구상에서 완전히 사라질 것이라고 예견했다. 그 외에도 동 지에 따르면, 연구가들이 마지막 금발이 전 세계적으로 가장 많은 자연 금발을 갖고 있는 핀란드에서 태어날 것이라고 예견했다고 한다. WTO의 대변인은 소위 위로랍시고 다음과 같은 말을 덧붙였다고 한다. "금발을 선호하는 여성들은 금발로 염색하는데, 이는 분명 남성들에게 매혹적일 것입니다." 꽤 진중한 영국의 라디오와 텔레비전 방송으로 알려진 BBC에서도 이러한 테마에 관심을 갖게 되었다. 이 자극적인 테마는 짧은 시간 내에 미국의 매체에서도 심층적으로 다뤄지게 되었다. 독일에서는 특히 〈함부르크 아벤트블라트〉와 〈쾰르너 슈타트안짜이거〉 등의 언론사가 이 충격적인 소식을 퍼뜨리는 데 앞장섰다.

엄청난 매체의 호응에 직면한 WHO는 2002년 10월 다음과 같은 입장을 표명하기에 이르렀다. "자연 금발의 유전자가 사멸될 것이라는 자칭 WHO 연구를 인용한 매체의 보도에 따른 반응으로서, WHO는 단 한 번도 그러한 분야에서 연구가 이루어진 적이 없다고 확실히 표명했다. 알려진 바에 따르면 WHO는 그와 관련된 어떠한 보고도 하지 않았으며, 아마도 2202년에 자연 금발이 사라질 것이라는 예견 또한 하지 않았다고 한다. WHO는 어디서 이러한 보고가 흘러나왔는지는 정확히 아는 바가 없지만, 미래의 금발 존재 여부에 대해서는 아무런 관심이 없다고 강조했다."

이러한 해명이 있은 후로 금발에 관한 관심은 확실히 수그러들었다. 하지만 영국에서는 별 수확 없는 그릇된 정보의 출처를 찾기 위해 혈안이 되었다. 그럼에도 불구하고 오늘날까지도, 이 금발에 대한 멸종을 언급했던 사람이 장난을 친 것인지 아니면 정말 진지하게 보도를 한 것인지에 대해서는 최종적으로 밝혀지지 않고 있다. 물론 2202년에 핀란드에 있는 마지막 금발을 가진 이가 죽는다고 정확하게 언급한 것은 어느 장난꾸리기의 작품인 것이 확실하다. 왜냐하면 최종적인 시간과 공간을 확정하는 것이 본래 모든 진실에 있어서는 거의 불가능한 일이기 때문이다. 또한 신뢰할 만한 진술이긴 하지만 거짓된 출처는 전형적인 농담 따먹기 식의 잡지 기사이다.

하지만 의외로 진실의 낟알은 살짝 옆길로 샌 기사에 숨어 있었다. 즉 몇몇 유전학자의 견해에 따르면, 금발을 가진 사람의 수가 시간이 흐르면서 실제로 조금은 줄어든다는 것이다. 왜냐하면 어두운 색의 두발은 우성 유전자인 것에 반해, 금발의 유전 성향은 열성으로 유전된다는 법칙과 관련이 있기 때문이다. 계속적인 금발을 유지하기 위해서는, 한 아이가 아빠는 물론 엄마에게서도 각각 금발 유전자를 물려받아야 한다는 것이다. 그에 반해 어두운 계열의 두발은 부모 중 한 명만 아이에게 유전자를 물려주면 된다. 그렇기 때문에 당연히 이는 부모로부터 이중으로 유전자를 받아야 하는 일보다 더 자주 발생한다. 전 세계 인구 중에서 매우 소수의 사람만이 완벽한 금발을 갖고 있으며, 그에 따라 금발 유전자를 가지고 있는 사람들 역시 소수임에 틀림없다. 특히 유럽의 북쪽 국가에는 금발을 가진 사람들이 상대적으로 높은 비율을 차지하고 있다. 독일은 전체의 약 삼분의 일 정도가 금발인 것으로 측정되었으며, 북쪽 독일에서는 약 절반이 금발인 것으로 밝혀졌다. 그런데 요사이 대부분의 유럽인들이 그렇듯이 금발을 가진 이들도 번식력이 좋지 못한 편이기 때문에 그들은 어두운 색의 두발을 가진 이들보다 점점 더 소수가 되어 가고 있다. 게다가 전 세계적으로 인구의 유동성이 증가하면서 흑발을 가진 이들이 금발의 파트너를 선택하는 경우가 더욱더 많아졌는데 이러한 정세를 염두에 두면 어두운 색의 두발을 가진 아이들이 압도적으로 많아질 것으로 예상된다. 왜냐하면 앞에서 언급한 것처럼 금발의 유전자에 비해서 흑발의 유전자가 우선적으로 유전되기 때문이다.

하지만 그렇다고 해서 수백 년 안에 모든 금발이 완전히 사라지는 것은 아니다. 그 까닭은 금발 유전자 또한 계속 정상적으로 유전되기 때문이다. 만약 부모가 똑같이 어두운 색의 두발을 가진 두 명의 아이를 가졌다 하더라도, 그 후 세대에서 다시 금발이 나올 수 있다. 바꿔 말하자면 부모 둘 다 선대에서 우연히 금발의 유전자를 물려받았을 경우, 멘델의 법칙에 의하여 자손 중 사분의 일은 이 두 유전자가 만날 것이고, 금발로 태어날 것이다. 마로코 지역에 이주한 바르바리 사람을 예로 들 수 있는데, 그곳에 사는 사람들 중 대부분이 매우 어두운 계열의 두발을 가졌음에도 불구하고 가끔씩 금발의 아이가 태어난다. 왜냐하면 금발을 가진 반달족의 게르만 민족에서 유래한 유전자가 아직 남아 있기 때문이라고 유추할 수 있기 때문이다. 지중해 위의 지방 출신인 바르바리 사람들은 429년에 스페인에서 북아프리카로 이동했고, 수도인 카르타고가 위치한 서쪽 지중해를 수백 년이 넘도록 군림했었다.

매체에게는 금발이라는 테마가 얼마나 매혹적이었는지, 2006년에는 곧 사라질 위기에 처한 금발에 관한 오보가 또다시 나왔다. 영국의 〈선데이 타임스〉와 마찬가지로 이탈리아의 '라 레푸블리카'에서도 관련된 기사가 쏟아졌다. 이 보도는 인터넷상으로 빠르게 퍼져 나갔고, 미국의 유명한 프로그램 진행자인 스티븐 콜버트Stephen Colbert는 자신의 쇼인 '더 콜버트 리포트'에서 금발이란 주제를 다루었는데, 그는 금발이 사라진다는 보도가 미국에 커다란 위협이 되고 있다며 한층 더 격앙시켰고, 금발을 구하기 위해서 선별적인 양성 프로그램을 도입할 것을 요구했다. 독일에서는 이런 소름끼치는 농담을 결코 가볍게 받아들일 수 없었는데, 그 이유는 과거 나치 시대에 이와 비슷한 일들이 실제로 벌어졌기 때문이었다. 보호 중대SS: Schutzstaffel에 의한 이른바 '생명의 샘Lebensborn' 이란 계획으로, '순수 혈통의' 후예들을 양성하기 위해 '북방의 지배자 민족' 의 상징인 금발과 푸른 눈을 가진 이들이 서로 짝을 맺었던 것이다.

최근에 다시 불거진 금발의 앞날에 관한 논의는 추측컨대, 과학 저널 〈진화와 인간 행동*Evolution and Human Behaviour*〉이 내놓은 기사가 크게 작용했기 때문일 것이다. 기사는 캐나다의 인류학자 피터 프로스트Peter Frost가 주장한 가설에 대해서 보도했다. 바로 지금으로부터 약 10,000년 전 남성이 여성에 비해서 월등히 그 수가 적었기 때문에 유럽에 금발을 가진 사람들이 많이 살게 되었다는 것이다. 남성들의 수가 적었기 때문에 석기시대의 남성들은 많은 배우자들 사이에서 선택할 수 있었고, 그와 동시에 소위 금발의 미녀는 우선적으로 인기를 끌었다. 이러한 '파트너 선택에 따른 강한 압박' 으로 비교적 짧은 시간 안에 금발을 가진 사람들이 급격히 증가했다는 것이다. 프로스트는 남성 부족의 원인을 남성들이 주로 종사하는 위험한 맹수 사냥으로 인해서 많은 이들이 목숨을 잃었기 때문이라고 설명했다. 또한 금발의 여성들은 다른 흑발의 동성보다 여성 호르몬인 에스트로겐이 더 많이 분비되기 때문에 특권을 누렸을 것이라고도 전했다. 프로스트의 언급에 따르면, 이러한 호르몬 분비의 차이는 새로운 연구 결과, 적어도 현대의 여성들에게 확실히 해당된다고 진술했다. 많은 양의 에스트로겐은 특별히 여성 신체의 아름다움을 더 풍부하게 하는 작용을 한다. 그렇다면 여기에서 약간의 의문점이 생기는데, 그것은 석기 시대의 남성들이 금색의 머리카락에 끌렸던 것인지 아니면, 다른 신체적인 특권에 눈길이 갔던 것은 아닌지 궁금해진다. 피터 프로스트의 논문에는 또 다른 몇몇 의구심이 들게 하는 내용들이 있지만, 매체를 통해 급속도로 퍼진 그의 가설은 전혀 멈출 조짐이 없다. 독일의 〈슈피겔〉 지에서도 이 이야기는 거의 비평 없이 인용되어, 호기심을 자극하는 '이미 원시인들은 금발을 좋아했다' 라는 제목으로 기사화되었다. 앞으로도 이러한 테마는 우리의 기억 속에서 잊힐 만하면 다시 나타나 우리의 생각을 사로잡을 것이다. 하지만 논쟁이 너무 잔혹할 정도로 진지하게 다루어지지 않도록 장난꾸러기들이 적절히 조절하면서 기회를 엿보기를 희망하는 바이다.

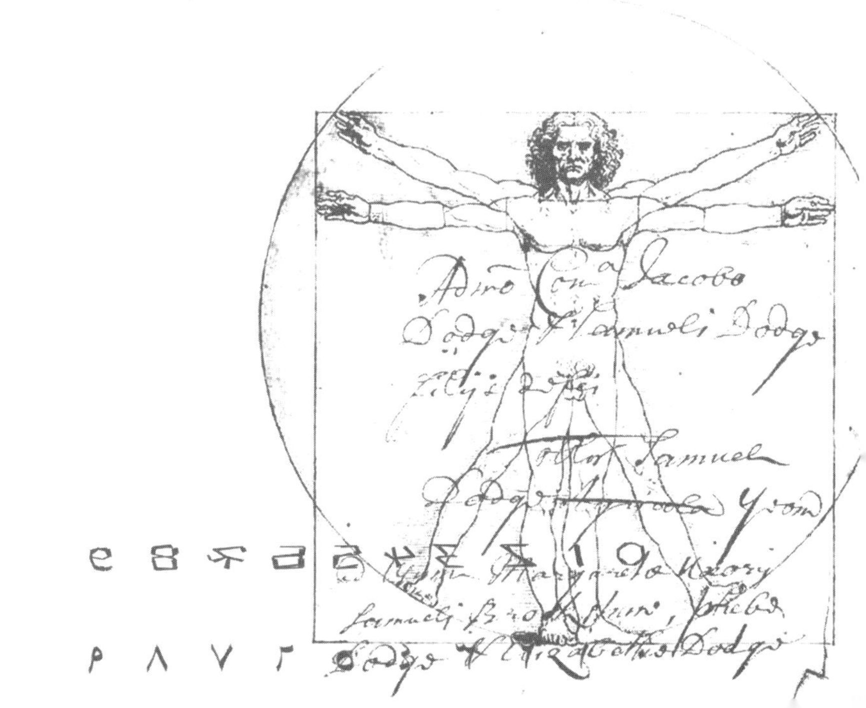

과학을 훔친 29가지 이야기 - 달나라 사기극에서 허무 논문까지

1쇄 발행 2010년 4월 12일
2쇄 발행 2010년 11월 12일

지은이 하인리히 찬클 · **옮긴이** 박소연
펴낸곳 도서출판 **말글빛냄** · **인쇄** 삼화인쇄(주)
펴낸이 박승규 · **마케팅** 최윤석 · **디자인** 진미나
주소 서울시 마포구 서교동 463-3 성화빌딩 5층
전화 325-5051 · **팩스** 325-5771 · **홈페이지** www.wordsbook.co.kr
등록 2004년 3월 12일 제313-2004-000062호
ISBN 978-89-92114-52-3 03400
가격 12,000원

*잘못된 책은 바꾸어 드립니다.